工程造价人员必备工具书系列

广联达土建算量精通宝典 —— 案例篇

（第二版）

广联达课程委员会　编

中国建筑工业出版社

图书在版编目（CIP）数据

广联达土建算量精通宝典.案例篇/广联达课程委
员会编.—2版.—北京：中国建筑工业出版社，
2023.7
（工程造价人员必备工具书系列）
ISBN 978-7-112-28812-0

Ⅰ.①广…　Ⅱ.①广…　Ⅲ.①建筑工程-工程造价-
应用软件　Ⅳ.①TU723.3-39

中国国家版本馆 CIP 数据核字（2023）第 103716 号

本书中未特别注明处，高度（层高）单位为m，其他单位为mm。

责任编辑：徐仲莉　王砾瑶
责任校对：党　蕾
校队整理：董　楠

工程造价人员必备工具书系列

广联达土建算量精通宝典——案例篇
（第二版）

广联达课程委员会　编

*

中国建筑工业出版社出版、发行（北京海淀三里河路9号）
各地新华书店、建筑书店经销
北京光大印艺文化发展有限公司制版
天津安泰印刷有限公司印刷

*

开本：787毫米×1092毫米　1/16　印张：16¼　字数：394千字
2023年7月第二版　　2023年7月第一次印刷
定价：78.00元
ISBN 978-7-112-28812-0
（41183）

广联达课程委员会

序 一

　　从事建筑行业信息化领域20余年，也见证了中国建筑业高速发展的20年，我深刻地认识到，这高速发展的20年是千千万万的建筑行业工作者，夜以继日用辛勤的汗水换取来的。同时，高速的发展也迫使我们建筑行业的从业者需要通过不断学习、不断提升来跟上整个行业的发展进程。在这里，我们对每一位辛勤的建筑行业的从业者致以崇高的敬意。

　　广联达也非常有幸参与到建筑行业发展的浪潮之中，我们用了近20年时间推动造价行业从手算时代向电算化时代发展。犹记得电算化刚普及的时候，大量的从业者还不会使用电脑，我们要先手把手地教会客户使用电脑，如今随着BIM、云计算、大数据、物联网、移动互联网、人工智能等技术不断地深入行业，数字建筑已成为建筑业转型升级的发展方向。广联达通过数字建筑平台赋能行业各参与方，从过去服务于岗位为主的业务模式，转向服务于每个工程项目，深入更多的业务场景，服务更多的客户。让每一个工程项目成功，支持中国建筑业数字化转型成功。

　　数字建筑的转型升级同时会带动数字造价的行业发展，也将促进专业造价人员的职业发展。希望广联达工程造价系列丛书能够帮助更多的造价从业者进行技能的高效升级，在职业生涯中不断进步！

广联达高级副总裁　刘谦

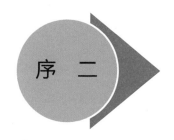

序 二

随着科技日新月异的发展以及建筑行业企业压力的增长，建筑行业转型迫在眉睫；为了更好地赋能行业转型，广联达公司内部也积极寻求转型，其中最为直接的体现就是产品从之前的卖断式变为年费制、订阅式，与客户的关系也由买卖关系转变为伙伴关系。这一转型的背后要求我们无论是从产品上，还是服务上，都能为客户创造更多价值。因此这几年除了产品的研发投入，公司在服务上也加大了投入，为了改善用户的咨询体验，我们花费大量的人力物力打造智能客服，24小时为客户服务。为了方便客户学习，我们建立专业直播间，组建专业的讲师团队为客户生产丰富的线上课程，方便客户随时随地学习……一切能为客户增值赋能的事情，广联达都在积极地探索和改变。

工程造价人员必备工具书系列就是公司为了适应客户的学习习惯，帮助客户加深知识体系理解，从而更好地将软件应用于自身业务，我们与中国建筑工业出版社联合打造这套丛书。书本的优势是沉淀知识，可供随手翻阅，加深思考，能够让客户清晰地学习大纲，并快速地建立知识体系，帮助客户巩固自己的专业功底，提升自己的行业竞争力，从而应对建筑行业日新月异的变化。

谨以此书献给每一位辛勤的建筑行业从业者，祝愿每一位建筑行业从业者身体健康，工作顺利！

广联达副总裁　王剑

序　三

　　从事预算的第一步工作是算量，并且能够准确地算量。在科技发展日新月异、智能工具层出不穷的当下，一名优秀的预算员是要能够掌握一定的工具来快速、准确地算量。广联达算量软件是一款优秀的算量软件，学会运用这一工具去完成我们的工作，将会使我们事半功倍。《广联达土建算量精通宝典——案例篇》整合了造价业务和广联达算量软件的知识，按照用户使用产品的不同阶段，梳理出不同的知识点，不仅能够帮助用户快速、熟练、精准地使用软件，而且还给大家提供了解决问题及学习软件的思路和方法，帮助大家快速掌握算量软件，使大家更好地将软件应用于自身业务中，《广联达土建算量精通宝典——案例篇》是一本值得学习的好书！

广联达副总裁　只飞

前　言

随着当今社会互联网及信息化的快速发展，我们获取知识的路径越来越容易，碎片化的知识和信息时刻充斥着我们的大脑，然而我们的学习力并没有提升，所有的知识仅限于对事物的肤浅认知。在获取信息通道非常便捷的时代，我们如何快速汲取所需要的内容，如何让知识更系统化、更体系化，在这种大背景下，广联达课程委员会应运而生，经过两年的努力，我们根据客户不同阶段的学习需求，搭建了不同系列的课程体系，旨在帮助客户可以精准地学习内容，高效掌握工具软件，从而缩短学习周期。

广联达课程委员会成立于 2018 年 3 月，经过严格的考核机制，选拔了全国各个分支顶尖服务人员共 20 余人。他们在造价一线服务多年，积累了大量的实战经验，面对客户不同的疑难问题，他们都能快速解决，可以说他们是最了解用户核心的那批人。

经过两年的内容生产及运营互动，上百场直播和录播，我们深刻地了解用户不同阶段的学习需求，其中课程和书籍在用户学习成长过程中起着不同的价值和作用，除了课程学习，纸质书籍更是起到知识沉淀的作用，一支笔一本书，随时可以查阅，传统的学习模式其实未必落伍。

2019 年 10 月，我们的第一本书《广联达算量应用宝典——土建篇》与读者见面了，大家既欣喜又紧张，欣喜的是委员会的第一本书在团队的共同努力下终于出版了，期待着每一个读者能够从中收获知识与方法；紧张的是不知道我们的心血能否让广大用户认可。最终我们的书籍反响非常好，得到来自不同行业的用户认可，用户纷纷留言，希望我们尽快输出同系列的其他书籍。

在第一本书面世之前，我们就设计了不同专业、不同用户阶段，由浅入深的为客户朋友们提供不同深度的书籍，从而使大家系统地掌握造价工具。2019 年末至 2020 年初，广联达课程委员会整装待发，开始编制《广联达算量应用宝典——土建篇》的姊妹篇《广联达土建算量精通宝典——案例篇》，本书吸取了第一本书中的不足与经验，希望呈现给用户不一样的学习体验。本书通过一个个案例教会大家处理问题的思路与方法，从而使大家在软件使用过程中能够达到融会贯通的效果，经历一次次的修改与讨论，《广联达土建算量精通宝典——案例篇》带着用户朋友们的希望和期待终于出版了，此时此刻我们的心情比第一次多了一份肯定，这份肯定来自用户对上一本书的反响和认可，大家期待这本书能够更好地帮助解决用户的诉求。

活到老学到老，我们每一天都在不断学习，但如何能够做到有效学习，却是一个不好回答的问题，既然学习是终生的事情，学会学习也是每个人必备的技能，学习是一个过程、一种方法、一套理解事物的体系，学习活动需要集中注意力，需要规划，需要反思，一旦人们懂得如何学习，将会更高效、更深入地掌握所学的专业技能，学习的目标在于成为一个高效的学习者，成为一个高效利用21世纪所有工具的人。本书在编排过程中，充分研究了成年人的学习行为、学习方式，在信息纷飞的时代，大家不缺学习资料，不缺学习内容，缺少的恰恰是系统的学习方法，委员会致力于梳理系统的知识，搭建用户不同阶段的学习知识地图，为广大造价从业者提供最便利、最快捷的学习路径！

广联达服务管理部课程委员会　梁丽萍

目　录

附属篇

人防及新工艺篇

▶ ▷ 广联达培训课程体系 ─────────

广联达课程委员会成立于 2018 年 3 月，汇聚全国各省市二十余位广联达特一级讲师及实战经验丰富的专家讲师，是一支敢为人先的专业团队，是一支不轻言放弃的信赖团队，是一支担当和成长并驱的创新团队。他们秉承专业、担当、创新、成长的文化理念，怀揣着"打造建筑人最信赖的知识平台"的美好愿望，肩负"做建筑行业从业者知识体系的设计者与传播者"的使命，以"建立完整课程体系，打造广联达精品课程，缩短用户学习周期，缩短产品导入周期"为职责，重视实际工程需求，严谨划分用户学习阶段，持续深入研讨各业务场景，共同打造研磨体系课程，出版造价人系列丛书，分享行业经验知识等，搭建了一套循序渐进，由浅入深，专业、系统的广联达培训课程体系（图 1）。

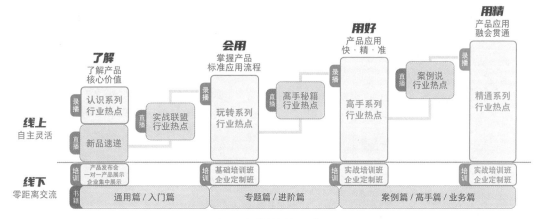

图 1 广联达培训课程体系

经过多方面探讨与研究，用户在学习和使用软件的过程中，根据软件的使用水平不同，可分为了解、会用、用好、用精 4 个阶段。了解阶段是指能够了解软件的核心价值，知道软件能解决哪些问题；会用阶段是指能够掌握产品的标准应用流程和基本功能，拿到工程知道先做什么后做什么；用好阶段是指对软件的应用快、精而且准，也就是说不仅功能熟练，而且清晰软件原理，知道如何设置能够达到精准出量；用精阶段指的是能够融会贯通地应用软件，掌握构件的处理思路，不管遇到何种复杂构件都有清晰的处理思路和方法，从而解决工程的各类问题。

在用户学习的每个阶段，广联达都会给用户提供线上、线下两种形式的课程，线上自主灵活，线下用户与讲师零距离交流，不同的形式满足不同的学习需求。线下课程主要是各地分公司自主举办，包括产品发布会、各类培训班等，广联达与中国建筑工业出版社合作，出版软件类、业务类等造价人必备工具书系列丛书，方便用户随时查阅。线上的课程，分为录播和直播课程。录播课程无时间、地点限制，随时随地便可学习，课程内容丰富，对应软件应用的四个阶段，不同阶段提供不同的课程，如了解阶段提供认识系列的课程，会用阶段提供玩转系列的课程。直播课程采用直播授课的形式，同时会根据不同的阶段准备不同的课程，如用好阶段的高手秘籍栏目，用精阶段的案例说栏目。广联达培训课程体系就是这样，根据不同的阶段、不同的需求、提供不同的课程以及学习形式。

广联达培训课程体系旨在帮用户找到最适合自己的课程，减少学习成本，提高学习效率，缩短学习周期。

▶ ▷ 复杂构件处理思路图 ────────────□

　　本书适用于已经会用软件做工程，但遇到特殊复杂构件无处理思路的用户。本书以复杂构件处理流程为主线，结合实际案例工程，帮助用户轻松应对复杂多变的设计和构造，达到举一反三、产品应用贯通的效果。

　　本书所选择的案例主要围绕着非标准设计的构件。主体结构中选取柱梁、剪力墙、装饰装修、桩承台、筏板、集水坑、土方，附属复杂构件中选取楼梯、坡道及挑檐，人防结构及空心楼盖、装配式新工艺共 13 个案例。这 13 个案例均按照复杂构件的处理流程进行处理，实际上只要掌握了这个流程图可以处理各种复杂构件（图 2）。

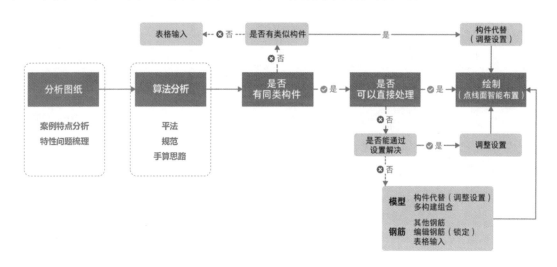

图 2　复杂构件处理流程图

　　复杂构件处理流程图如何使用呢？

　　任何工程建模的目的都是为了计算工程量，所以要以结果为导向，根据需要计算的工程量选择合适的建模方法。有时构件本身处理不好的量可以考虑用其他构件替代处理；有时算出的量跟图纸要求不符，可以通过调整设置等方法解决，具体方法如下：

　　1. 分析图纸：确定需要计算的内容及工程量，根据本工程的特点，梳理出本工程的特性问题。

　　2. 算法分析：根据平法规定、大样图、规范等确定手算的思路，这是保障工程量准确的前提。

　　3. 软件处理部分：确定列项内容是否可以直接在软件中进行处理，如果能直接处理，即可进行绘制出量。

4. 如果不能直接处理，是否可以通过调整"计算设置"及"节点设置"进行处理。

5. 如果不能通过调整计算设置处理，是否可以通过类似构件进行代替或构件组合进行处理。

6. 对于构件本身无法直接处理的钢筋部分，可以通过表格输入、其他钢筋或编辑钢筋进行解决。

本书阐述了在实际案例中遇到复杂构件如何借助思路图灵活处理。工程是万变多样的，新的复杂情况也会层出不穷，只有梳理出一套处理问题的思路才能以不变应万变。思路图或许还有很多改进之处，但是希望借此能给广大造价工作者一个启发和思考，形成自己的一套思路，真正成为软件应用的高手。

注：实际算量过程中，复杂构件的处理方式因人而异。本书涉及内容仅供参考，并非唯一处理方式，造价人员可以根据自己的习惯选择操作方式。

主体篇

第1章 柱、梁案例解析

在日常的算量工作中，经常会遇到各种特殊的节点样式，增加了算量工作的难度。比如剪力墙的约束边缘非阴影区部分的构造（图1-1），楼层框架梁的水平加腋（图1-2）等，各种变通的处理方式五花八门，但准确性低且步骤烦琐。本章将以实际案例的形式，介绍以上两种常见节点的处理方式，让算量工作变得更加简单、高效、准确。

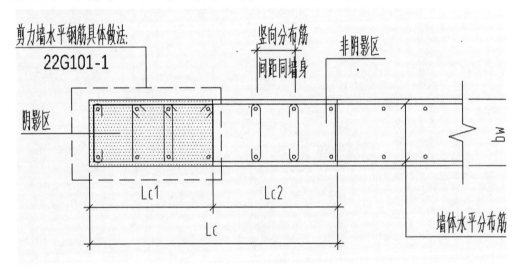

图 1-1 剪力墙约束边缘非阴影区钢筋构造

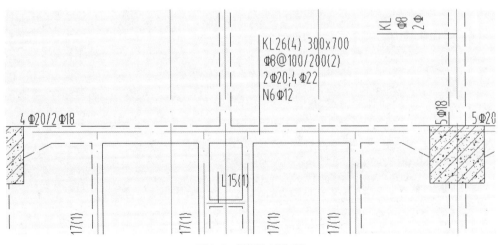

图 1-2 框架梁水平加腋

1.1　约束边缘非阴影区

对于非阴影区，由于各设计院的设计习惯不同，导致不同图纸中的构造样式及标注方式也有所不同。本案例将选取其中较具代表性的图纸，详细分析非阴影区在软件中的处理方法。希望读者通过本案例的学习，能够对常见的非阴影区构件在软件中的处理方法触类旁通、举一反三。

1.1.1　图纸分析

非阴影区在高层建筑中非常多见。以图 1-3 为例，对于非阴影区的配筋，箍筋是单独配筋，竖向钢筋是剪力墙垂直钢筋，配筋复杂，计算烦琐。

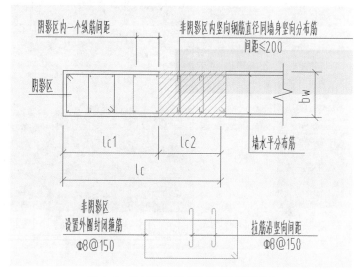

图 1-3　剪力墙约束边缘非阴影区配筋详图

1.1.2　算法分析

按照《建筑抗震设计规范（附条文说明）（2016 年版）》GB 50011—2010 第 6.4.7 条和《高层建筑混凝土结构技术规程》JGJ 3—2010 第 7.2.16 条的要求，对于抗震墙约束边缘构件，阴影部分必须采用箍筋，阴影范围之外可以采用箍筋或拉筋。"边缘构件"位于剪力墙墙肢的两端，在水平地震作用到来时，"边缘构件"（相对中间墙身来说）首先承受水平地震作用。

非阴影部分配筋的一般做法是将非阴影区的配筋也做成箍筋，套住阴影区内第二排纵筋，根据情况其间距取为同阴影区箍筋或两倍，但不得大于构造边缘构件的最低要求。需注意的是，当暗柱长度即为墙肢长度时（小墙肢或转角处较短的翼缘肢），其箍筋承担抗剪任务，配置应符合抗剪要求。配筋的表达方式和各设计单位的具体做法有关，最开始的表达方式是画出非阴影区配筋，但这种方式工作量很大。后来参考审查中心及部分单位的做法，并加以改进，只画出非阴影区的尺寸，不画钢筋。

非阴影区的混凝土计算相对比较简单，此处不做赘述，仅对钢筋处理做重点分析。

1.1.3　软件处理

广联达 BIM 土建计量平台 GTJ 中，柱构件下设置了"约束边缘非阴影区"构件，处理流程如图 1-4 所示。

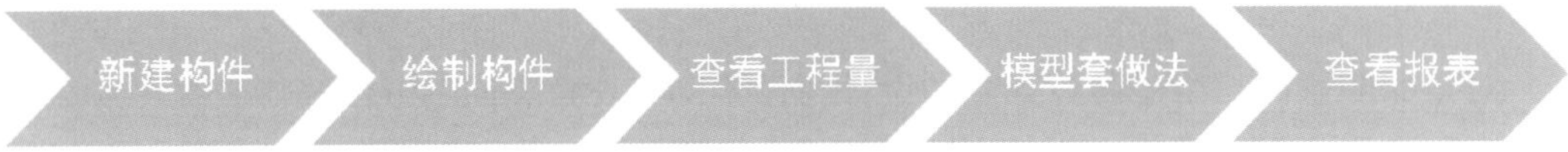

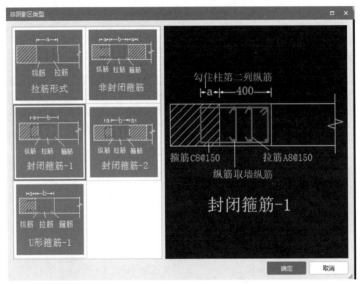

图 1-4   软件处理流程

1.在"约束边缘非阴影区"界面，新建构件。软件提供了 5 种常见的非阴影区构造形式（图 1-5），可按照图纸进行选择。选择符合本案例构造样式的"封闭箍筋 -1"。

图 1-5   约束边缘非阴影区参数图

2.按照图纸修改相关参数。软件默认提供按墙、按柱计算钢筋，实际工程中若与默认设置不符，可以按实际修改。

3.将新建完成的构件绘制在模型中。需要注意的是，约束边缘需要依附于墙，且与暗柱相邻。绘制完成的构件如图 1-6 所示。

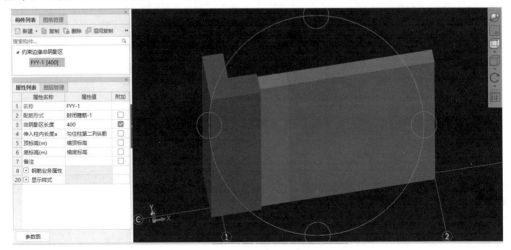

图 1-6   绘制约束边缘非阴影区

　　汇总计算，查看钢筋三维，钢筋计算结果一目了然，如图 1-7 所示。

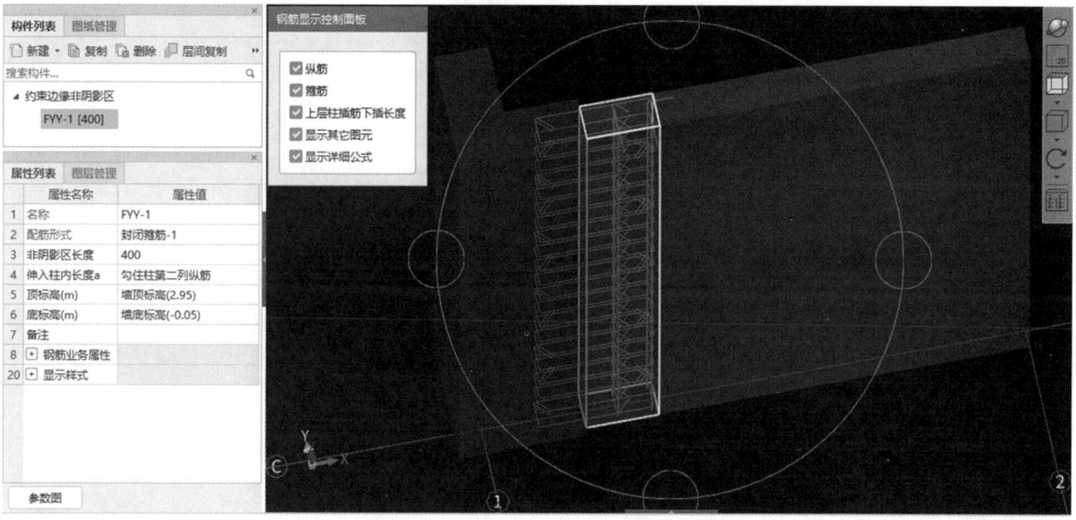

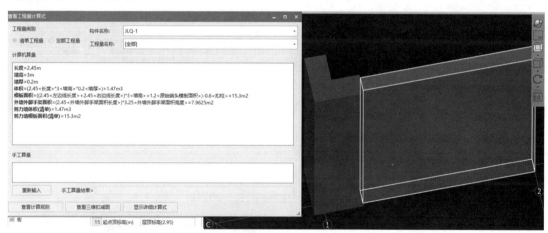

图 1-7　约束边缘非阴影区钢筋三维

　　查看工程量计算式，非阴影区的混凝土工程量是包含在剪力墙内的，不进行单独统计，计算明细如图 1-8 所示。

图 1-8　约束边缘非阴影区工程量计算式

1.2　框架梁水平加腋

　　根据《建筑抗震设计规范（附条文说明）（2016 年版）》GB 50011—2010，当梁中心线与柱中心线、柱中心线与抗震墙中心线之间有较大偏差时，在地震的作用下可能导致核心区受剪面积不足，对柱带来不利的扭转效应，当偏心近距离超过 1/4 柱宽时，需进行具体分析并采取有效的措施。常见的处理方式就是对水平梁进行加腋设计。本案例将针对框架梁水平加腋在软件中的处理方式做简单分析。

1.2.1　图纸分析

　　对于水平加腋的框架梁，图纸中一般会给出框架梁水平加腋的尺寸信息及配筋形式，如图 1-9 所示。

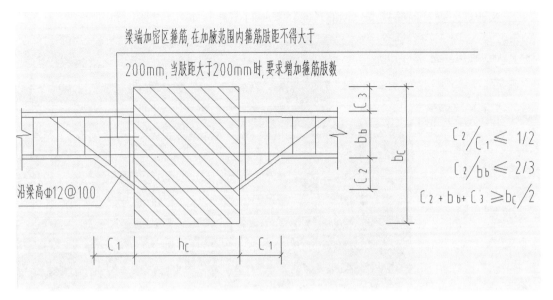

图 1-9　框架梁水平加腋

1.2.2　算法分析

对于框架梁水平加腋的算量，重点及难点主要集中在加腋部位箍筋的缩尺配筋。

1.2.3　软件处理

1. 所有的梁构件绘制完成后，在"梁二次编辑"中选择对应功能，生成梁水平加腋，如图 1-10 所示。

2. 目前软件中提供两种生成方式："自动生成"和"手动生成"（图 1-11）。若使用"自动生成"，软件根据生成条件，自动生成梁加腋；

图 1-10　生成梁水平加腋

若采用"手动生成"，则需手动选择要生成水平加腋的梁进行生成。按照图纸信息将构件参数输入完成后，点击"确定"。按照条件生成梁水平加腋，如图 1-12 所示。

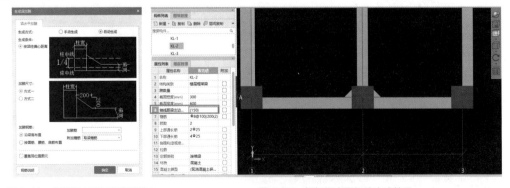

图 1-11　框架梁水平加腋参数输入　　　图 1-12　框架梁水平加腋生成效果

3. 汇总计算，查看框架梁钢筋三维，加腋筋及箍筋一目了然，如图 1-13 所示，实际算量工作中还可结合"编辑钢筋"进行钢筋量核对。

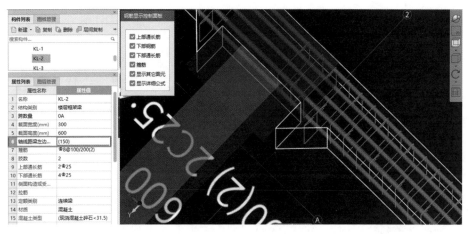

图 1-13　框架梁钢筋三维

查看框架梁工程量计算式，框架梁工程量已将梁水平加腋部分考虑在内，如图 1-14 所示。

图 1-14　框架梁工程量计算式

1.3　案例总结

通过以上两个案例，对约束边缘非阴影区及梁水平加腋做了简单分析。目前算量软件可以对此类构件进行快速精准处理。实际算量工作中，如果设计图纸的表示方法略有区别，可在软件中灵活调整，保证构件的参数正确，同时结合构件计算式保证工程量的准确性。

第 2 章　剪力墙案例解析

　　剪力墙又称抗震墙，主要承受风荷载或地震作用引起的水平荷载和竖向荷载，一般用于框剪结构或剪力墙结构中，防止结构剪切破坏。本工程为某地区高层住宅，结构类型为框剪结构，地上有多个单体建筑，建筑面积约 57166m^2，如图 2-1 所示。

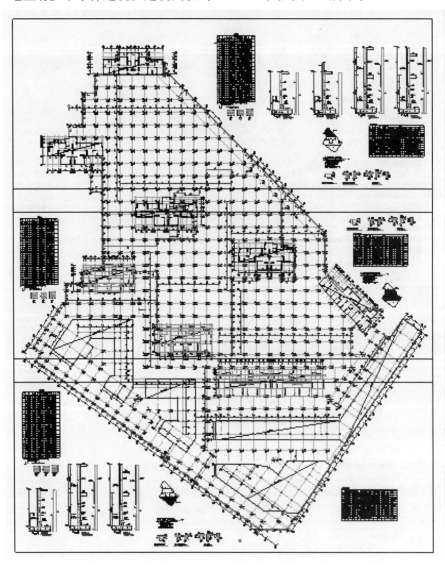

图 2-1　地下室墙柱定位平面图

本工程剪力墙部分的主要难点在于墙身钢筋节点构造复杂，如竖向分布筋内外侧钢筋不同、附加竖向钢筋的计算、墙身变截面处理等，地下室外墙与基础底部的节点构造也是本章节重点剖析的内容。本章节将围绕案例中剪力墙涉及的钢筋工程量和土建工程量以及相关联构件的处理方法展开讲解，主要内容如图 2-2 所示。

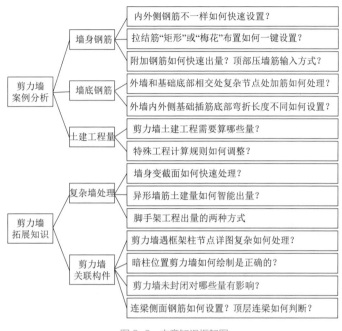

图 2-2　本章知识框架图

按照构件算量的流程，首先分析图纸，确定需要计算的内容，清晰手算思路，然后根据要计算的内容选择不同的方法进行工程量计算。剪力墙需要计算的工程量有钢筋、混凝土、模板和脚手架。

结合本案例工程图纸，以 WQ（外墙）为例，具体配筋和构造详图如图 2-3、图 2-4 所示。

地下室墙体墙身配筋表

[illegible]	[illegible] H1	[illegible] H2	L(mm)	L1(mm)	t1(mm)	[illegible]	[illegible] ①	[illegible] ①a	[illegible] ①b	[illegible] ②	[illegible] ②a	[illegible]	[illegible]	[illegible]
WQ1	-9.350	-1.800	3700	3850	350	C10@100	C18@200	C18@200	C16@200	C16@150	C12@150	C6@600x600	B	
WQ1a	-9.350	-1.800	3700	3850	350	C10@100	C18@200	C18@200	C18@200	C16@150	C12@150	C6@600x600	C	
WQ1b	-9.350	-1.800	[illegible]	[illegible]	400	C12@100	C28@200	C28@200	C28@200	C20@100	C20@100	C6@600x600	B	ⓐⓑ[illegible]
WQ2	-9.350	-0.050	3700	5600	350	C10@100	C20@200	C20@200	C20@200	C18@150	C18@150	C6@600x600	B	ⓐⓑ[illegible]
WQ2a	-9.350	-1.100	3700	4550	350	C10@100	C18@200	C18@200	C18@200	C16@150	C16@150	C6@600x600	B	
WQ3	-5.650	-1.800	3850	——	300	C10@100	C16@200	C14@200	——	C12@150	——	C6@600x600	A	
WQ4	-9.350	-5.650	3700	——	300	C10@100	C16@200	C14@200	——	C12@150	——	C6@600x600	A	[illegible]
WQ5	-6.850	-1.800	5050	——	350	C10@100	C22@200	C22@200	——	C18@150	——	C6@600x600	A	
WQ6	-6.850	-0.250	6600	——	400	C12@100	C28@200	C28@200	——	C22@150	——	C6@600x600	A	
WQ7	-5.650	-1.100	4550	——	350	C10@100	C18@200	C18@200	——	C16@150	——	C6@600x600	A	
WQ8	-5.650	-0.050	5600	——	350	C10@100	C22@200	C22@200	——	C16@150	——	C6@600x600	A	
WQ9	-6.850	-1.000	5850	——	400	C12@100	C28@200	C28@200	——	C22@150	——	C6@600x600	A	
SCQ1	-9.350	-5.650	3700	——	300	C10@100	C14@200	C14@200	——	C12@150	——	C6@600x600	A	[illegible]

图 2-3　地下室墙体墙身配筋表

通过详图分析，剪力墙需要计算的钢筋量有水平分布筋、竖向分布筋、拉筋、顶部压墙筋和墙底钢筋，如图 2-5 所示。

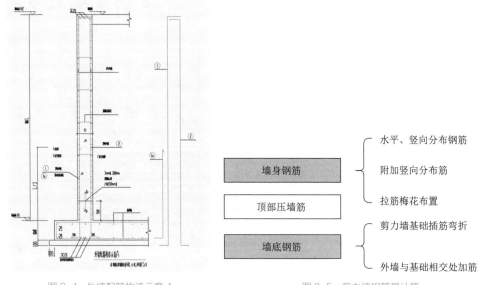

图 2-4　外墙配筋构造示意 A   图 2-5　剪力墙钢筋量计算

根据《房屋建筑与装饰工程工程量计算规范》GB 50854—2013，剪力墙需要计算的土建工程量有混凝土、模板和脚手架，混凝土计算规则如图 2-6 所示。

E.4 现浇混凝土墙。工程量清单项目设置、项目特征描述的内容、计量单位、工程量计算规则应按表 E.4 的规定执行。

表 E.4 现浇混凝土墙（编号：010504）

项目编码	项目名称	项目特征	计量单位	工程量计算规则	工作内容
010504001	直形墙	1.混凝土类别 2.混凝土强度等级	m³	按设计图示尺寸以体积计算。 不扣除构件内钢筋、预埋铁件所占体积，扣除门窗洞口及单个面积>0.3 ㎡的孔洞所占体积，墙垛及突出墙面部分并入墙体体积计算内	1.模板及支（撑）制作、安装、拆除、堆放、运输及清理模内杂物、刷隔离剂等。 2.混凝土制作、运输、浇筑、振捣、养护
010504002	弧形墙				
010504003	短肢剪力墙				
010504004	挡土墙				

图 2-6　现浇混凝土墙计算规则

2.1　剪力墙墙身钢筋

2.1.1　图纸分析

根据详图分析（图 2-3、图 2-4），以 WQ5 为例，水平分布筋为内外 2 排，内外侧钢筋信息相同，均为 C10@100。竖向分布筋内外侧钢筋不同，外侧钢筋信息为 C22@200，内侧钢筋信息为 C18@150。附加竖向分布筋为 C22@200。拉筋为 C6@600×600，布置方式为梅花布置。

2.1.2　算法分析

（1）水平分布筋

水平分布筋根数 =（墙高 – 起步）/ 间距（向上取整 +1）；

水平分布筋单根长度 = 墙净长 – 保护层厚度 + 锚固。

其中锚固长度见图集《混凝土结构施工图平面整体表示方法制图规则和构造详图（现浇混凝土框架、剪力墙、梁、板）》22G101—1（以下简称图集 22G101—1）剪力墙水平分布钢筋构造判断。

【例题】以 WQ5（图 2-7）为例，水平分布筋为 C10@100，计算水平分布筋单根长度（按钢筋外皮长度计算）。

【解答】WQ5 水平分布筋较为简单，内外侧钢筋信息相同。

水平筋外侧长度为：1600–15(左侧连续通过)–15+10(右侧弯折 ）×d=1670（mm）

水平筋内侧长度为：

1600–15+15（左侧弯折）×d–15+10（右侧弯折）×d=1820（mm）

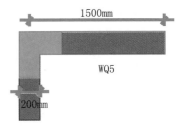

图 2-7　转角墙 WQ5

（2）竖向分布筋

竖向分布筋根数 =（墙长 – 节点 – 起步 ×2）/ 间距（向上取整 +1），（起步为 s，s 为垂直筋间距）；中间层竖向分布筋长度 = 墙实际高度 – 本层露出长度 + 上层露出长度（需考虑错开长度）；顶层竖向分布筋长度 = 墙实际高度 – 本层露出长度 – 保护层 + 设定弯折（需考虑错开长度）。其中竖向钢筋错开长度见图集 22G101—1 剪力墙竖向分布钢筋连接构造（图 2-8），顶部弯折见图集 22G101—1 剪力墙竖向钢筋顶部构造（图 2-9）。

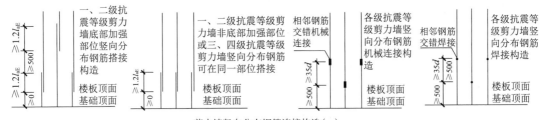

图 2-8　剪力墙竖向分布钢筋连接构造（来源图集 22G101—1）

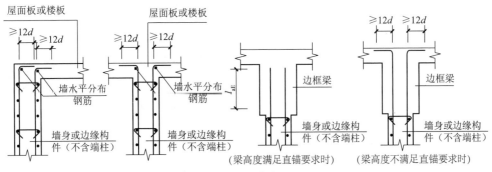

图 2-9　剪力墙竖向钢筋顶部构造（来源图集 22G101—1）

根据图集 22G101—1，错开长度和顶部弯折长度计算总结如表 2-1 所示。

剪力墙竖向钢筋错开长度和顶部弯折 表 2-1

计算	条件	墙构件	边缘构件
中间钢筋	绑扎	$\geq 1.2 l_{aE}$，错开 500mm	ll_e，错开 $0.3 ll_e$
	机械连接	≥ 500mm，错开 $35d$	≥ 500mm，错开 $35d$
顶部	—	$hb > l_{aE}$，直锚 不能直锚，$h - bh_c + 12d$	—

本案例中 WQ5 竖向分布筋难点主要在于内外侧钢筋信息不一样，如果顶部内外侧弯折长度不一样或者中间层出现变截面，内外侧竖向分布钢筋长度会有差别。

（3）拉结筋

拉结筋用作剪力墙分布钢筋，拉结筋应注明布置方式为"矩形"或"梅花"布置，示意图如图 2-10 所示。

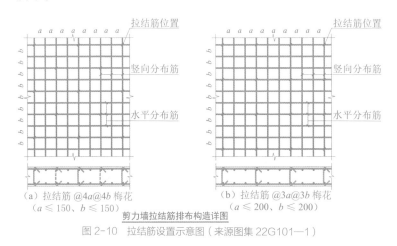

（a）拉结筋 @4a@4b 梅花
（$a \leq 150$、$b \leq 150$）

（b）拉结筋 @3a@3b 梅花
（$a \leq 200$、$b \leq 200$）

剪力墙拉结筋排布构造详图

图 2-10 拉结筋设置示意图（来源图集 22G101—1）

① 拉结筋单根计算长度 = 墙厚 $-2 \times bh_c + 2 \times$ 弯钩。

② 结筋根数计算：

梅花形布置情况拉筋根数 $= \dfrac{总面积}{单个面积} = \dfrac{L_n \times h}{S_x \times S_y/2}$（向上取整）。

矩形布置情况拉筋根数 $= \dfrac{总面积}{单个面积} = \dfrac{L_n \times h}{S_x \times S_y}$（向上取整）。

（4）附加竖向分布筋、压墙筋

附加竖向分布筋根数计算同竖向分布筋，附加竖向分布筋长度根据详图计算单根长度即可；压墙筋长度 = 墙净长 $-2 \times bh_c + 2 \times$ 设定弯折（注：水平钢筋与压墙筋根数单独计算，互不影响）。

2.1.3 软件处理

（1）水平分布筋

以案例中 WQ5 为例，水平分布筋为 C10@100，内外侧钢筋信息相同，在 WQ5 属性的水平分布钢筋中输入" (2) C10@100"即可，选中图元后通过软件工具栏中的"编辑钢筋"

可以查看具体钢筋的计算式，通过"钢筋三维"查看钢筋三维构造，如图 2-11 所示。

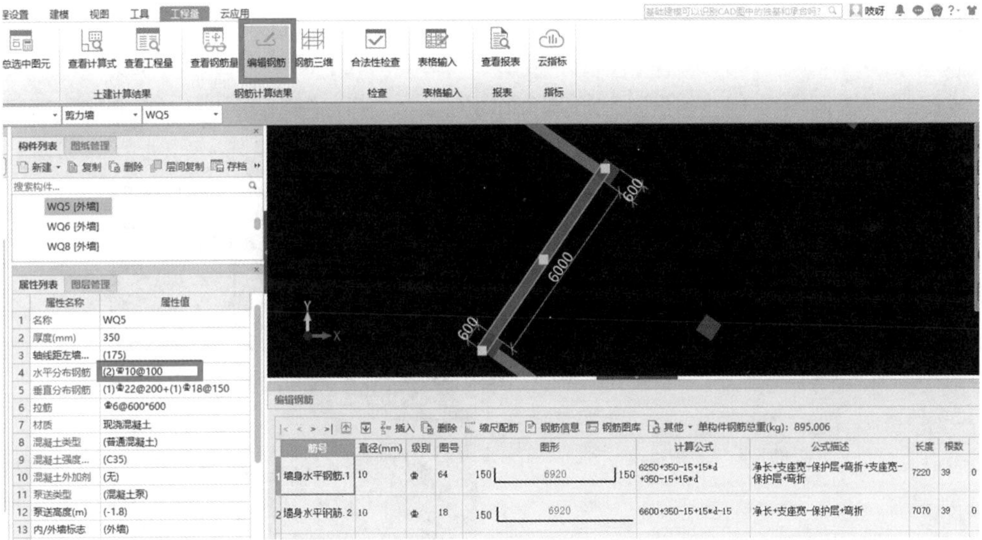

图 2-11　水平分布筋软件处理及查量方式

　　注：如果水平分布筋出现特殊钢筋形式，例如内外侧钢筋信息不一样、隔一布一等情况，可以通过属性编辑框"钢筋输入小助手"查看输入格式，如图 2-12 所示。

图 2-12　钢筋输入小助手

（2）竖向分布筋

　　竖向分布筋的软件处理方式和水平分布筋类似，在属性编辑框中输入钢筋信息即可，本案例中 WQ5 外侧钢筋为 C22@200，内侧钢筋为 C18@150，如图 2-13 所示。

墙身配筋							
水平分布筋	竖向分布筋①	附加竖向分布筋①a	附加竖向分布筋①b	竖向分布筋②	竖向分布筋②a	拉筋	对应详图编号
C10@100	C22@200	C22@200	—	C18@150	—	C6@600×600	A

图 2-13　WQ5 墙身配筋

内外侧钢筋信息不同时可以用"+"连接两种不同的钢筋，要特别注意"+"前后钢筋信息的输入顺序，"+"前表示左侧配筋，"+"后表示右侧配筋，左右侧指绘制剪力墙方向的左右侧。可见，这与剪力墙的绘制方向也有关系。绘制方向可通过键盘上"~"键快速显示或隐藏。根据图 2-14 中剪力墙的绘制方向判断，"+"左侧钢筋即为外侧钢筋，直接在属性编辑框的垂直分布筋中输入"(1)C22@200+(1)C18@150"即可，如图 2-14 所示。

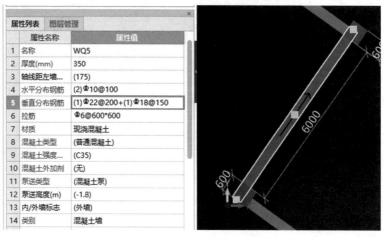

图 2-14　墙绘制方向

竖向分布筋计算结果如图 2-15 所示。

筋号	直径(mm)	级别	图号	图形	计算公式	公式描述	长度	根数
5 墙身垂直钢筋.3	18	Φ	18	180 ⌐ 2705	3850-max(35*d, 500)-500-15+10*d	墙实际高度-错开长度-本层露出长度-保护层+设定弯折	2885	20
6 墙身垂直钢筋.4	18	Φ	18	180 ⌐ 3335	3850-500-15+10*d	墙实际高度-本层露出长度-保护层+设定弯折	3515	20

图 2-15　竖向分布筋计算式

（3）拉结筋

拉结筋处理思路比较简单，在属性编辑框中输入即可。从详图（图 2-16）中可以判断拉筋布置方式为梅花布置，通过"计算设置"→"节点设置"→"剪力墙身拉筋布置构造"修改成"梅花布置"即可，如图 2-17 所示。

图 2-16　拉筋布置详图

图 2-17　剪力墙拉筋布置构造

（4）附加竖向分布筋、压墙筋

附加竖向分布筋处理方式与竖向分布筋略有区别，属性编辑框中没有直接输入的选项。根据处理复杂构件的思路图（图2），复杂构件不能直接处理时可以查看是否有相关设置或者其他钢筋输入。附加竖向分布筋正是通过"其他钢筋"处理，将"钢筋业务属性"→"其他钢筋"属性框打开，选择相应图号，输入单根钢筋的长度，选择加强筋类型为"垂直加强筋"即可，根数无须手动计算，其计算方式同竖向分布筋，如图2-18所示。

图 2-18　附加竖向钢筋处理

附加竖向分布筋计算结果如图2-19所示。

编辑钢筋

筋号	直径(mm)	级别	图号	图形	计算公式	公式描述	长度	根数
8 1	22	Φ	18	300 ⌐ 1660	1660+300		1960	30

图 2-19　附加竖向钢筋结果

压墙筋软件处理方式比较简单，在钢筋业务属性的"压墙筋"中输入钢筋即可，如果出现钢筋信息不一样的情况，可以用"+"连接，如图 2-20 所示。

图 2-20　压墙筋详图和软件处理

2.2　剪力墙墙底钢筋

2.2.1　图纸分析

根据详图（图 2-21）分析，外墙与筏板相交底部设置加筋 3C20，此钢筋是按照墙长布置的，与顶部压墙筋计算方法相同，处理方式同压墙筋，如果与顶部压墙筋直径不同，可以用"+"号连接；另外，基础底部还需计算基础插筋，要注意弯折长度的判断。

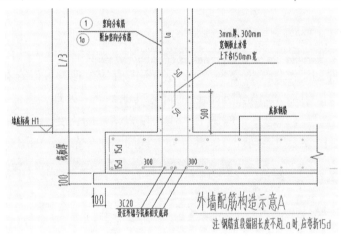

图 2-21　外墙底部钢筋构造

2.2.2　算法分析

基础插筋长度 = 本层露出长度 + 节点高 − 保护层 + 弯折（需考虑错开长度）。

当基础厚度 $h_j \geq l_{aE}$ 时，弯折长度 =max（$6 \times d$，150）；

当基础厚度 $h_j < l_{aE}$ 时，弯折长度 =$15 \times d$，如表 2-2 所示。

弯折长度判断　　　　　　　　　　　　　　　　　　　　　　　表 2-2

计算	条件	弯折长度
插筋	$h_j \geq l_{aE}(L_a)$	Max（$6d$，150）
	$h_j < L_{aE}(L_a)$	$15d$

根据详图（图 2-21）分析，左右侧垂直筋插筋伸入基础底部弯折均为 300，底部加筋

计算方式同压墙筋计算。基础插筋长度 = 本层露出长度 + 节点高 − 保护层 +300。

2.2.3　软件处理

软件可以通过"工程设置"→"钢筋设置"→"计算设置"修改，如图 2-22 所示。

图 2-22　垂直筋基础插筋计算设置

注：如果图纸中出现左右侧垂直筋插筋弯折长度或者节点类型不一致，可以通过节点设置中的"左侧垂直筋基础插筋节点"和"右侧垂直筋基础插筋节点"修改，如图 2-23 所示。

图 2-23　垂直筋基础插筋节点设置

◆ 拓展小知识

问：如果同时修改了计算设置和节点设置，且设置不同，软件会优先考虑按照什么计算？

答：如果同时修改了计算设置和节点设置，且设置不同，软件会优先考虑节点设置。

2.3　剪力墙土建工程量

剪力墙需要计算的工程量有：混凝土、模板、脚手架，具体计算规则如图 2-24 所示。

E.4 现浇混凝土墙。 工程量清单项目设置、项目特征描述的内容、计量单位、工程量计算规则应按表 E.4 的规定执行。

表 E.4　现浇混凝土墙（编号：010504）

项目编码	项目名称	项目特征	计量单位	工程量计算规则	工作内容
010504001	直形墙	1.混凝土类别 2.混凝土强度等级	m³	按设计图示尺寸以体积计算。 不扣除构件内钢筋、预埋铁件所占体积，扣除门窗洞口及单个面积>0.3 m²的孔洞所占体积，墙垛及突出墙面部分并入墙体体积计算内	1.模板及支架（撑）制作、安装、拆除、堆放、运输及清理模内杂物、刷隔离剂等。 2.混凝土制作、运输、浇筑、振捣、养护。
010504002	弧形墙				
010504003	短肢剪力墙				
010504004	挡土墙				

图 2-24　现浇混凝土墙计算规则

在土建计量软件中，截面信息建立好后软件会自动计算混凝土工程量及模板工程量，直接提取即可。一般来说各个地区的计算规则都已经根据当地清单定额规则内置，新建工程时选择当地计算规则即可。剪力墙提量过程如果有特殊需求，可以通过软件的"工程设置"→"土建设置"→"计算设置"或"计算规则"，快速过滤相关联构件进行调整，如图 2-25 所示。

图 2-25　剪力墙计算规则

2.4　拓展部分

2.4.1　墙身变截面处钢筋处理

剪力墙变截面处竖向钢筋构造详图见图集22G101—1第2-22页（图2-26），实际工程中如遇变截面按图纸节点详图（图2-27）选择相应节点设置。

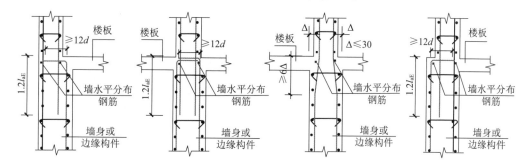

图 2-26　剪力墙变截面处竖向钢筋构造

软件已经根据平法图集构造内置相应节点详图，通过节点设置中"垂直筋楼层变截面锚固节点"调整，本工程根据详图（图2-27）选择节点"垂直筋楼层变截面节点3"，上层插筋伸入下层墙内，长度为$1.2 \times l_{aE}$，下层纵筋伸至板顶弯折，弯折尺寸为$12 \times d$，如果节点详图和平法规范不一致可以按详图更改相应的长度和弯折，如图2-28所示。

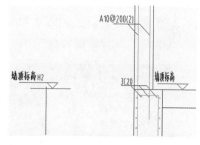

图 2-27　剪力墙变截面构造详图

图 2-28　垂直筋楼层变截面锚固节点

一般来说变截面工程中通常有两种情况，钢筋直接通上去或者是在当前层锚固，软件默认按平法规则自动判断，如果在当前层需要锚固，需要通过"*"控制。本案例工程是当前层锚固的，所以调整完节点设置还需要在钢筋前输入"*"，通过"钢筋小助手"可以查看输入格式，如图 2-29、图 2-30 所示。

图 2-29　本层锚固处理　　　　　　　　　图 2-30　钢筋输入小助手

变截面设置后，钢筋量和变截面处顶部露出部分装修工程量软件都会自动考虑，可以通过钢筋三维和墙面计算式中三维扣减图查看，如图 2-31、图 2-32 所示。

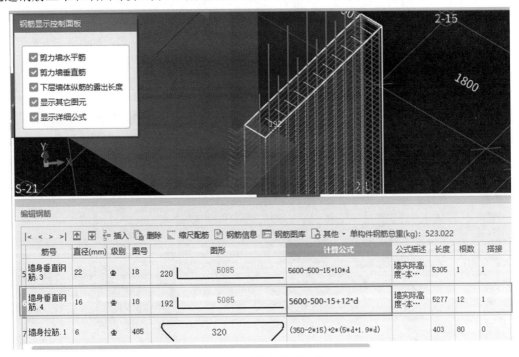

图 2-31　变截面处钢筋三维

2.4.2　异形墙处理

复杂工程中经常会遇到异形墙，通过详图（图 2-33）分析，该剪力墙墙厚为 250mm，墙高 4m，该墙处理难点主要在于异形截面和斜撑加强筋钢筋的处理。

处理思路：剪力墙底加腋部分水平钢筋及斜撑加强筋分别在剪力墙构件的"压墙筋"

及"其他钢筋"中处理；混凝土部分可通过异形（三角形）圈梁处理，墙面也会自动计算斜面处装修，圈梁可命名为"剪力墙加腋"，方便提量。（此方法并不是唯一处理办法，仅供参考）

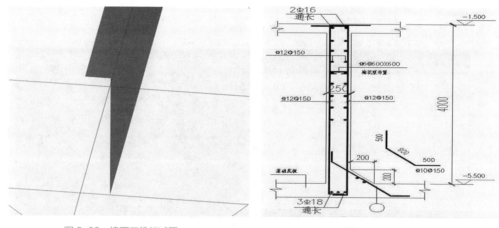

图 2-32　墙面三维扣减图　　　　　　　　　　图 2-33　异形墙详图

（1）钢筋处理：梁底加腋斜面处水平钢筋可在剪力墙"压墙筋"中处理，根数需要手算；斜撑加强筋在钢筋业务属性的"其他钢筋"中选择相应图号，输入单根钢筋的长度，输入钢筋信息即可，加强筋类型选择"垂直加强筋"，如图 2-34、图 2-35 所示。

图 2-34　斜面水平筋处理

图 2-35　斜撑加强筋处理

（2）混凝土处理：新建异形圈梁，设置网格，根据详图绘制异形截面，修改圈梁起点顶标高及终点顶标高为"层底标高加梁高"，清除圈梁钢筋信息，沿墙边绘制（可使用 F4 切换插入点），绘制完成后若方向错误，可选中构件右键"调整方向"，如图 2-36 所示。

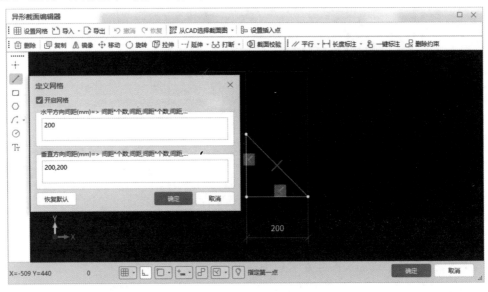

图 2-36　异形圈梁

2.4.3　脚手架处理

脚手架工程通常需要计算综合脚手架、外脚手架、里脚手架、单项脚手架等，根据各省、自治区、直辖市或行业建设主管部门的规定，各地计算规则有所不同。在土建计量软件中，脚手架工程量计取有两种方式，具体如下。

（1）依附主体构件出量：以内墙为例，工程量中直接计算内墙脚手架面积（由于软件通过外墙封闭判断内外，故外墙一圈需要封闭，如不封闭，可通过虚外墙封闭，这样内外墙脚手架计算才精准），如图 2-37 所示。

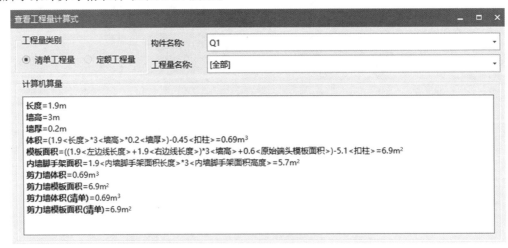

图 2-37　内墙脚手架工程量查看

（2）新建脚手架构件：如果脚手架通过主体构件提量复杂无法满足实际工程提量需求，

可以单独新建脚手架构件，软件提供立面和平面脚手架两种形式（图 2-38）满足不同业务需求。立面脚手架支持：按墙、梁、柱、独立基础、桩承台、条形基础布置。平面脚手架支持：按顶棚、吊顶、筏板基础、独立基础、桩承台、条形基础、建筑面积布置。

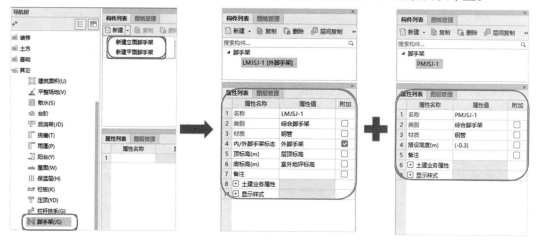

图 2-38　脚手架构件定义

另外，软件提供生成脚手架功能，可按照墙、柱、梁、基础、装饰、建筑面积等类别，按所勾选的条件生成脚手架构件及图元；满足用户多种位置的快速布置要求，提高建模效率，如图 2-39 所示。

图 2-39　自动生成脚手架

立面脚手架区分点式和线式构件，可按照计算规范要求，区分计算工程量。支持查看三维扣减图，工程量如图 2-40 所示。

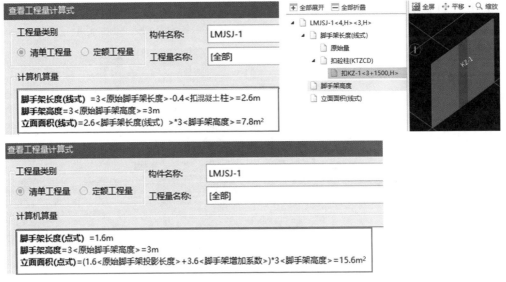

图 2-40　立面脚手架工程量

平面脚手架提供平面面积及超高平面面积，满足满堂脚手架工程量计算要求。支持查看三维扣减图，如图 2-41 所示。

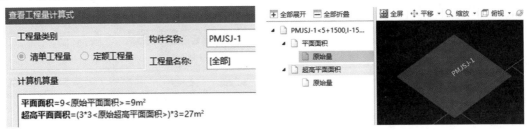

图 2-41　平面脚手架工程量

2.4.4　剪力墙遇框架柱节点设置

本案例工程中存在很多剪力墙遇框架柱的情况（图 2-42），参照案例图纸中的设计说明可以看到具体节点的构造详图，如图 2-43 所示。

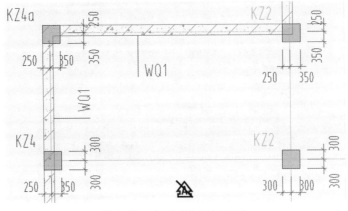

图 2-42　地下室墙柱定位平面图

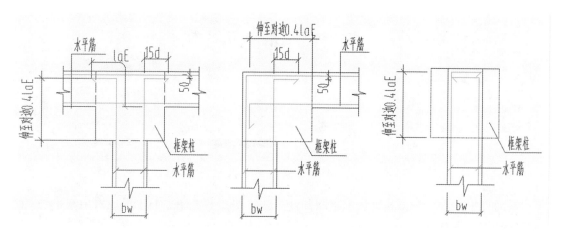

图 2-43　剪力墙遇框架柱节点详图

　　剪力墙遇框架柱节点，实际计算钢筋量时需要注意剪力墙伸入框架柱的锚固长度的判断，根据节点详图分析，通过"计算设置"→"节点设置"→"水平钢筋丁字端柱节点"/"水平钢筋拐角端柱节点"/"水平钢筋端部端柱节点"等调整，如图 2-44 所示。

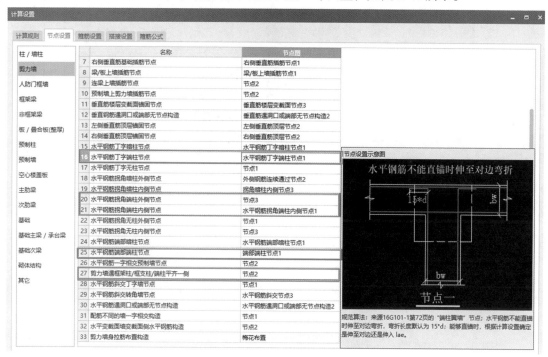

图 2-44　剪力墙遇框架柱和端柱节点设置

2.4.5　暗柱位置剪力墙绘制

　　实际绘制过程中，有暗柱的位置是否需要绘制剪力墙，对工程量有什么影响？本案例以剪力墙遇转角暗柱展开分析，图 2-45 中 L 形暗柱位置是否应该绘制剪力墙？剪力墙画满暗柱和剪力墙只画到柱边（图 2-46），哪种绘制方式是正确的？

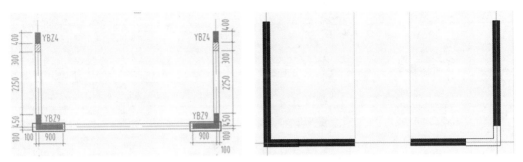

图 2-45　剪力墙遇暗柱　　　　　　　图 2-46　暗柱位置剪力墙绘制方式对比

针对以上两种绘制方式，从示意图和计算式（图 2-47、图 2-48）可以看出水平外侧钢筋计算结果存在差异。

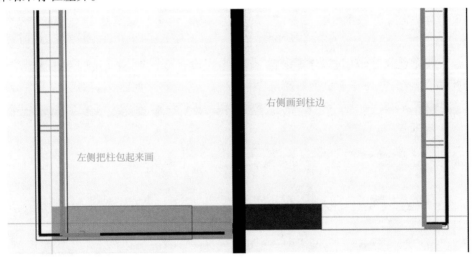

图 2-47　剪力墙水平外侧钢筋对比

剪力墙外侧水平筋连续通过

编辑钢筋　｜< < > >｜ ⊞ ⊞ ⊞ 插入 删除 缩尺配筋 钢筋信息 钢筋图库 其他 · 单构件钢筋总重(kg): 100.334

筋号	直径(mm)	级别	图号	图形	计算公式	公式描述	长度	根数
1 墙身水平钢筋.1	8	Φ	80	80⌐3460⌐120	3300-20+10*d+200-20+15*d+12.5*d	净长-保护层+设定弯折+支座宽-保护层+弯折+两倍弯钩	3760	16
2 墙身水平钢筋.2	8	Φ	27	80⌐3460	3500-20+10*d-20+6.25*d	外皮长度-保护层+设定弯折+弯钩	3590	16
3 墙身垂直钢筋.1	10	Φ	23	100⌐2980	3000-20+10*d+12.5*d	墙实际高度-保护层+设定弯折+两倍弯钩	3205	26
4 墙身拉筋.1	6	Φ	485	160	(200-2*20)+2*(5*d+1.9*d)		243	46

剪力墙外侧水平筋伸到暗柱对边弯折

编辑钢筋　｜< < > >｜ ⊞ ⊞ ⊞ 插入 删除 缩尺配筋 钢筋信息 钢筋图库 其他 · 单构件钢筋总重(kg): 100.894

筋号	直径(mm)	级别	图号	图形	计算公式	公式描述	长度	根数
1 墙身水平钢筋.1	8	Φ	80	80⌐3460⌐80	3500-20+10*d-20+10*d+12.5*d	净长-保护层+设定弯折-保护层+设定弯折+两倍弯钩	3720	32
2 墙身垂直钢筋.1	10	Φ	23	100⌐2980	3000-20+10*d+12.5*d	墙实际高度-保护层+设定弯折+两倍弯钩	3205	26
3 墙身拉筋.1	6	Φ	485	160	(200-2*20)+2*(5*d+1.9*d)		243	46

图 2-48　剪力墙水平外侧钢筋计算结果对比

针对两种绘制方式和结果差异，具体分析如下。

第一种：暗柱位置绘制剪力墙时，外侧水平筋连续通过，内侧水平筋伸至对边弯折15d。此做法依据来源于图集22G101—1中"转角墙（一）"和"转角墙（二）"节点（图2-49）；另外"转角墙（三）"节点做法为"内侧水平筋伸至对边弯折15d，外侧水平分布筋在转角处搭接"。软件中通过"水平钢筋拐角暗柱外侧/内侧节点"设置。本工程设置为"外侧钢筋连续通过"，如图2-50所示。

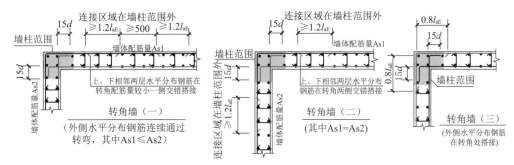

图 2-49　转角墙水平分布钢筋构造（来源于图集 22G101—1）

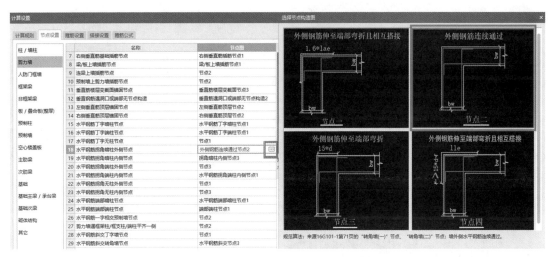

图 2-50　水平钢筋拐角暗柱外侧和内侧节点

第二种：暗柱位置不绘制剪力墙时，内外侧水平筋伸到暗柱对边弯折10d。依据来源于图集22G101—1中"端部有L形暗柱时剪力墙水平分布钢筋端部做法"，如图2-51所示。

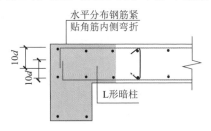

图 2-51　端部有 L 形暗柱时剪力墙水平分布钢筋端部做法（来源于图集 22G101—1）

根据以上分析，暗柱位置不绘制剪力墙时，水平分布筋算法会依据水平分布钢筋端部做法考虑，暗柱位置需要绘制剪力墙才会按照转角墙节点构造计算，由此判断第一种绘制方式计算结果正确，剪力墙遇暗柱应该将整个暗柱画满。暗柱只是剪力墙钢筋加强带，模板和混凝土工程量均按照剪力墙计算。

　　此外，暗柱位置不绘制剪力墙，不仅会影响钢筋量，还会影响剪力墙的封闭性，从而影响其他工程量或其他构件的绘制。比如墙未封闭时装饰装修无法按房间布置，外墙脚手架、钢丝网片等工程量出量也会有影响，散水、外墙装修等依附于外墙智能布置的构件也只能手动布置，影响的相关构件如图 2-52 所示。

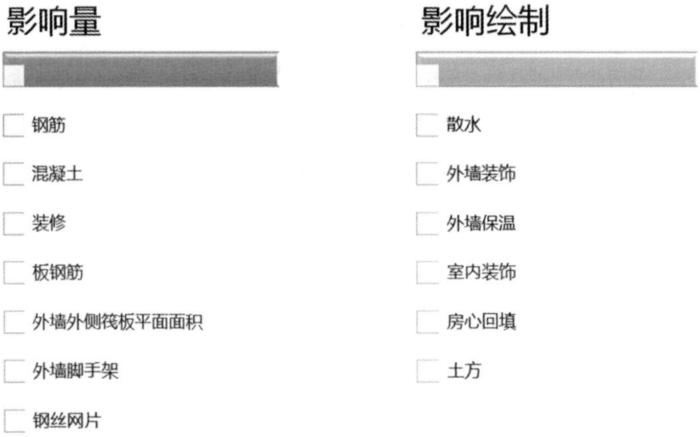

影响量

- 钢筋
- 混凝土
- 装修
- 板钢筋
- 外墙外侧筏板平面面积
- 外墙脚手架
- 钢丝网片

影响绘制

- 散水
- 外墙装饰
- 外墙保温
- 室内装饰
- 房心回填
- 土方

图 2-52　剪力墙绘制影响

2.4.6　连梁侧面钢筋需要注意事项及顶层连梁设置

　　剪力墙遇连梁，连梁侧面筋的布置通常有两种情况：连梁侧面单独配筋；连梁侧面筋同剪力墙水平筋，具体可以通过图纸说明或连梁配筋查看，如图 2-53、图 2-54 所示。

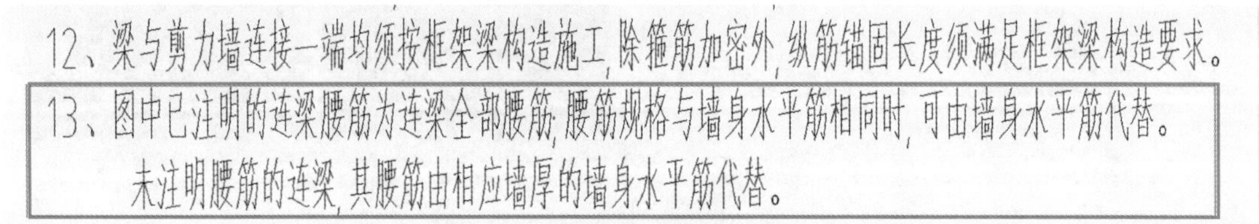

12、梁与剪力墙连接一端均须按框架梁构造施工，除箍筋加密外，纵筋锚固长度须满足框架梁构造要求。

13、图中已注明的连梁腰筋为连梁全部腰筋，腰筋规格与墙身水平筋相同时，可由墙身水平筋代替。
　　未注明腰筋的连梁，其腰筋由相应墙厚的墙身水平筋代替。

图 2-53　图纸设计说明

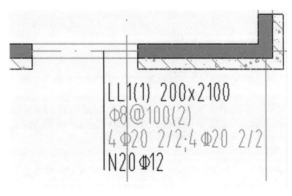

LL1(1) 200×2100
Φ8@100(2)
4Φ20 2/2;4Φ20 2/2
N20Φ12

图 2-54　连梁配筋

　　针对以上两种连梁侧面筋布置情况，软件会自动处理。第一种：连梁属性中输入了侧面筋且规格与墙水平分布筋不同，结果按连梁侧面筋计算；第二种：如果未输入连梁侧面筋或者规格与墙水平分布筋相同，墙水平筋在连梁侧面拉通计算。如图 2-55、图 2-56 所示。

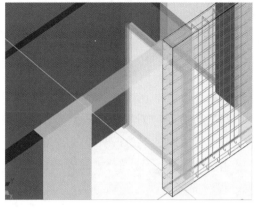

图 2-55　连梁侧面单独配筋

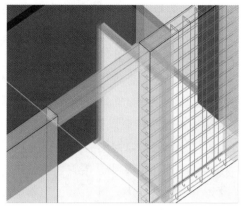

图 2-56　连梁侧面筋同墙水平筋

　　顶层连梁如何设置，与楼层连梁有什么区别呢？其配筋构造参照图集 22G101—1（图 2-57），依据构造详图分析，顶层连梁在锚固范围内需要设置间距 150mm 的箍筋，普通楼层连梁只需要在净长范围内设置箍筋。土建计量软件中直接在连梁属性列表的"钢筋业务属性→顶层连梁"中选择"是"即可（注意此属性为私有属性，对已经绘制的图元修改属性，需要选中或批量选择后再修改才有效），如图 2-58 所示。

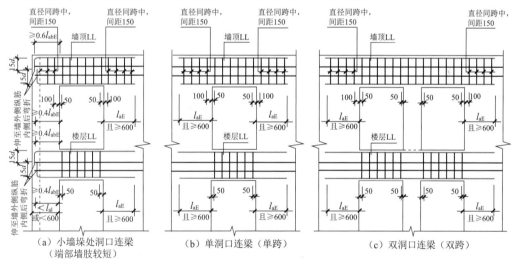

图 2-57　连梁 LL 配筋构造（来源于图集 22G101—1）

图 2-58　顶层连梁设置

2.5 案例总结

本章节阐述了剪力墙及相关联构件处理，针对上述内容处理总结如下：

1. 剪力墙常见的钢筋直接通过属性列表相应的钢筋信息输入即可。

2. 遇到特殊钢筋配置，如隔一布一、内外侧钢筋信息不一样、多排钢筋、水平筋设计指定布置范围等，可打开"钢筋输入小助手"查看相应输入格式。

3. 特殊节点优先考虑计算设置或节点设置，如墙基础插筋弯折长度、墙身变截面钢筋、拉筋布置方式、墙垂直筋顶部弯折等，均可通过计算设置、节点设置调整。

4. 如果属性和计算设置都不能处理，可以考虑钢筋业务属性中"其他钢筋"，如附加竖向钢筋、异形墙斜撑钢筋等。部分复杂钢筋也可通过编辑钢筋修改计算式，再锁定。

5. 构件处理还需要注意相关联构件的绘制、扣减关系等，比如剪力墙遇暗柱的绘制原则以及相关工程量的影响等。土建工程量提量过程，实际工程有特殊要求也可以通过计算规则灵活调整。构件之间都是环环相扣的，相关联的设置通常也是通过属性、计算设置、计算规则等方式灵活调整。

实际工程中还有很多复杂的情况，如何灵活应用形成系统的思路呢？一般来说，通过图纸分析、算法分析后，先看软件是否有同类构件直接处理（属性输入后绘制模型），如果不能直接处理再通过相应的计算设置（或计算规则）调整，设置中没有的也可以通过其他钢筋或表格输入等方法灵活设置，这和本书开篇分享的复杂构件处理思路图息息相关。

第3章　装修案例解析

室内装修主要包含楼地面、踢脚、墙裙、墙面、顶棚、吊顶、独立柱装修七项内容（图3-1），手工计算过程较复杂，需要考虑的因素比较多：例如地面防水需要按相应规则区分平面及立面防水，墙面抹灰考虑附墙柱侧面、平行梁侧面工程量、门窗洞口的扣减等。

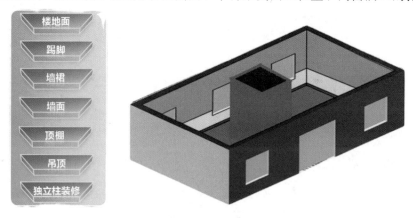

图 3-1　室内装修图

软件中可以通过房间的方式快速布置装修计算工程量，但在提取工程量时还需要结合施工工艺出量，例如清水模板施工，在进行劳务结算抹灰工程量时，只需要计算纯粹砖墙本身抹灰＋平齐墙柱梁抹灰即可，不需要计算凸出部分的工程量；有的工程量通过提取相应的工程量代码就能快速提量，如钢丝网、地面防水等。本章节通过5个案例熟悉工程量代码提量方式，实现快速提量，主要内容如图3-2所示。

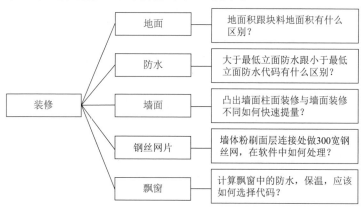

图 3-2　本章知识框架图

3.1 地面装修

3.1.1 图纸分析

地面装修做法一般在建筑图纸说明中会列出具体的装修做法，计算工程量时需要根据图纸说明列项，并结合清单定额规则计算工程量。本案例工程以防滑地砖装修为例进行讲解，其具体做法为素水泥浆、细石混凝土、涂膜防水层、细石混凝土找坡层、灰土夯实、素土夯实，如图 3-3 所示。

3.1.2 算法分析

针对图 3-3 中地面装修做法，在计算工程量时，可以将其拆分为五大块，如图 3-4 所示。

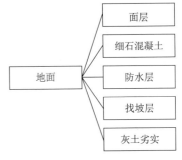

2). 地面2:　防滑地砖地面

1、2.5厚石塑防滑地砖，建筑胶粘剂粘铺，稀水泥浆碱擦缝

2、素水泥浆一道〈内掺建筑胶〉

3、30厚C15细石混凝土随打随抹

4、3厚高聚物改性沥青涂膜防水层，四周往上卷150高

5、平均35厚C15细石混凝土找坡层

6、150厚3:7灰土夯实

7、素土夯实，压实系数0.95

图 3-3　防滑地砖底面做法　　　　　图 3-4　地面装修工程量

结合《房屋建筑与装饰工程工程量计算规范》GB 50854—2013 第69、70页中规定，如图 3-5、图 3-6 所示。

表 K.1　楼地面抹灰（编码：011101）

项目编码	项目名称	项目特征	计量单位	工程计算规则	工作内容
011101001	水泥砂浆楼地面	1. 垫层材料种类、厚度 2. 找平层厚度、砂浆配合比 3. 素水泥浆遍数 4. 面层厚度、砂浆配合比 5. 面层做法要求	m^2	按设计图示尺寸以面积计算。扣除凸出地面构筑物、设备基础、室内管道、地沟等所占面积，不扣除间壁墙及 ≤ 0.3 m^2 柱、垛、附墙烟囱及孔洞所占面积。门洞、空圈、暖气包槽、壁龛的开口部分不增加面积	1. 基层清理 2. 垫层铺设 3. 抹找平层 4. 抹面层 5. 材料运输
011101002	现浇水磨石楼地面	1. 垫层材料种类、厚度 2. 找平层厚度、砂浆配合比 3. 面层厚度、水泥石子浆配合比 4. 嵌条材料种类、规格 5. 石子种类、规格、颜色 6. 颜料种类、颜色 7. 图案要求 8. 磨光、酸洗、打蜡要求			1. 基层清理 2. 垫层铺设 3. 抹找平层 4. 面层铺设 5. 嵌缝条安装 6. 磨光、酸洗打蜡 7. 材料运输
011101003	细石混凝土楼地面	1. 垫层材料种类、厚度 2. 找平层厚度、砂浆配合比 3. 面层厚度、混凝土强度等级			1. 基层清理 2. 垫层铺设 3. 抹找平层 4. 面层铺设 5. 材料运输

图 3-5　地面抹灰计算规则

项目编码	项目名称	项目特征	计量单位	工程计算规则	工作内容
011101004	菱苦土楼地面	1. 垫层材料种类、厚度 2. 找平层厚度、砂浆配合比 3. 面层厚度 4. 打蜡要求	m²	按设计图示尺寸以面积计算。扣除凸出地面构筑物、设备基础、室内管道、地沟等所占面积，不扣除间壁墙及 ≤ 0.3 m² 柱、垛、附墙烟囱及孔洞所占面积。门洞、空圈、暖气包槽、壁龛的开口部分不增加面积	1. 基层清理 2. 垫层铺设 3. 抹找平层 4. 面层铺设 5. 打蜡 6. 材料运输

图 3-5　地面抹灰计算规则（续）

表 K.2　楼地面镶贴（编码：011102）

项目编码	项目名称	项目特征	计量单位	工程计算规则	工作内容
011102001	石材楼地面	1. 找平层厚度、砂浆配合比 2. 结合层厚度、砂浆配合比 3. 面层材料品种、规格、颜色 4. 嵌缝材料种类 5. 防护层材料种类 6. 酸洗、打蜡要求	m²	按设计图示尺寸以面积计算。门洞、空圈、暖气包槽、壁龛的开口部分并入相应的工程量内	1. 基层清理、抹找平层 2. 面层铺设、磨边 3. 嵌缝 4. 刷防护材料 5. 酸洗、打蜡 6. 材料运输
011102002	碎石材楼地面				
011102003	块料楼地面	1. 垫层材料种类、厚度 2. 找平层厚度、砂浆配合比 3. 结合层厚度、砂浆配合比 4. 面层材料品种、规格、颜色 5. 嵌缝材料种类 6. 防护层材料种类 7. 酸洗、打蜡要求			
注：①在描述碎石材项目的面层材料特征时可不用描述规格、品牌、颜色。 ②石材、块料与粘接材料的结合面刷防渗材料的种类在防护层材料种类中描述。 ③上表工作内容中的磨边指施工现场磨边，后面章节工作内容中涉及的磨边含义同此条						

图 3-6　地面块料计算规则

（1）地面抹灰工程量：整体面层、找平层按主墙间的净面积计算。应扣除凸出地面的构筑物、设备基础、室内管道、地沟等所占面积，不扣除柱、垛、间壁墙、附墙烟囱以及面积在 0.3m² 以内的孔洞所占面积，但门洞、空圈和暖气包槽、壁龛的开口部位面积也不增加。

（2）地面块料工程量：块料面层按设计图示尺寸实铺面积以平方米计算，壁龛开口部分并入相应工程量内。

了解规则后，再通过计算规则列出地面装修做法中每一条做法对应的工程量。第一条、

第二条套取面层做法，第三条套取细石混凝土做法，第四条套取涂抹防水层做法，第五条套取30厚的找坡层做法，第六条套取灰土夯实，第七条一般不套，其原因有两个：①规范中没有相关定额；②一般用回填土直接进行回填。各对应做法如图3-7所示。

图3-7　地面装修做法列项

传统做法需要手动列项，对照软件报表工程量，提取出需要的工程量，其操作相对烦琐，如图3-8所示。

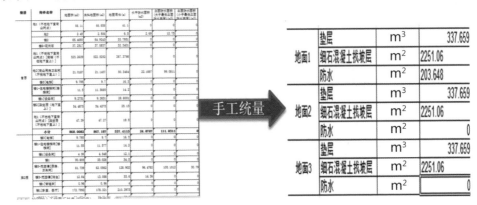

图3-8　报表统量

3.1.3　软件处理

在计量软件中，可通过三步快速提取其清单定额工程量，详细步骤如下：

第一步：软件定义界面套取地面装修的相关清单；

第二步：在清单项的工程量表达式中选择对应的工程量代码（代码是软件中用于描述构件工程量或中间量的英文字母，通常为工程量名称或中间量名称的首个拼音字母缩写，如"体积"代码为TJ），软件就会自动计算出工程量，如图3-9所示。

图3-9　工程量代码选择

注意：地面装修代码分为地面积、块料地面积、地面周长、防水面积 4 类代码，如图 3-10 所示。

地面装修代码
地面积
块料地面积
地面周长
防水面积
水平防水面积
立面防水面积
立面防水面积
大于最低立面防水高度
小于最低立面防水高度

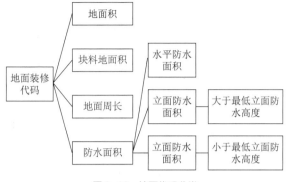

图 3-10　地面代码分类

选择代码时需要注意，如果是地面净空面积要选择“地面积”工程量代码，块料面积选择“块料地面积”工程量代码，防水工程可套取 3 ~ 6 条工程量代码（图 3-11）。在提取代码时还应注意地面积、块料地面积、地面周长的区别：

（1）《房屋建筑与装饰工程工程量计算规范》GB 50854—2013 第 69 页楼地面抹灰中规定，计算抹灰面积时，按设计图示尺寸以面积计算，壁龛开口部分不增加面积。

（2）《房屋建筑与装饰工程工程量计算规范》GB 50854—2013 第 70 页楼地面镶贴中规定，计算块料面积时，按设计图示尺寸以面积计算，壁龛的开口部分并入相应的工程量内。

因此软件代码工程量中，地面积代码不含门侧壁开口面积，块料地面积代码包含门侧壁开口面积，地面周长按照内墙皮计算，如图 3-12 所示。

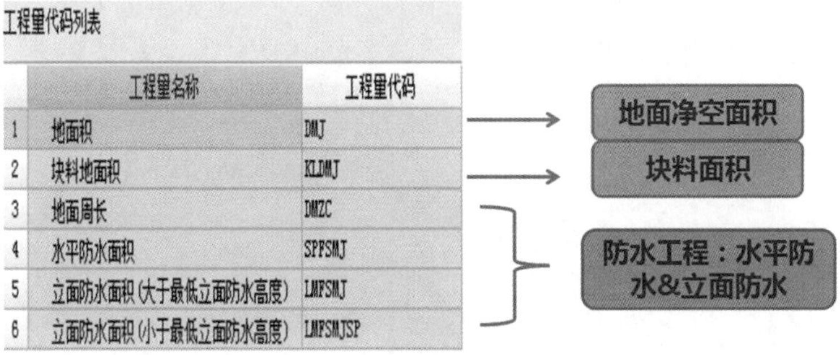

工程量代码列表
工程量名称
工程量代码
1 地面积 DMJ
2 块料地面积 KLDMJ
3 地面周长 DMZC
4 水平防水面积 SPFSMJ
5 立面防水面积(大于最低立面防水高度) LMFSMJ
6 立面防水面积(小于最低立面防水高度) LMFSMJSP
地面净空面积
块料面积
防水工程：水平防水&立面防水

图 3-11　地面装修代码

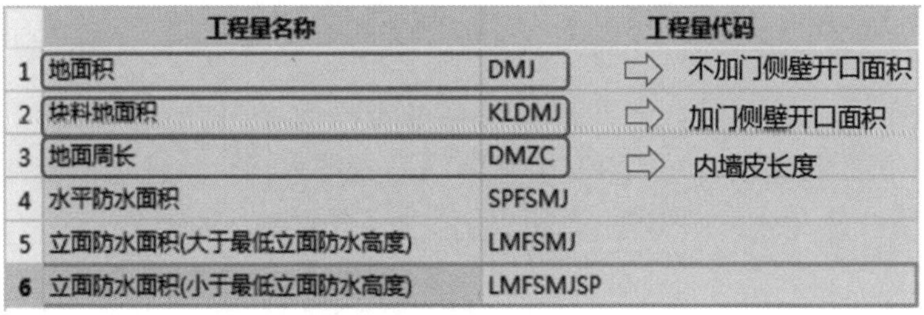

工程量名称
工程量代码
1 地面积 DMJ
2 块料地面积 KLDMJ
3 地面周长 DMZC
4 水平防水面积 SPFSMJ
5 立面防水面积(大于最低立面防水高度) LMFSMJ
6 立面防水面积(小于最低立面防水高度) LMFSMJSP
不加门侧壁开口面积
加门侧壁开口面积
内墙皮长度

图 3-12　地面积与块料地面积的区别

对应到本案例工程中，选择工程量代码为：

①地砖面层选择"块料地面积"工程量代码；

② 30 厚细石混凝土选择"地面积"工程量代码；

③涂膜防水选择"水平防水面积"工程量代码（防水部分重点讲解）；

④找坡层选择"地面积"工程量代码；

⑤灰土夯实选择"地面积"工程量代码，因其按照立方米计算，故代码需要乘以厚度 0.15（软件代码单位为米，故需要将 150mm 换算为 0.15m 输入），如图 3-13 所示。

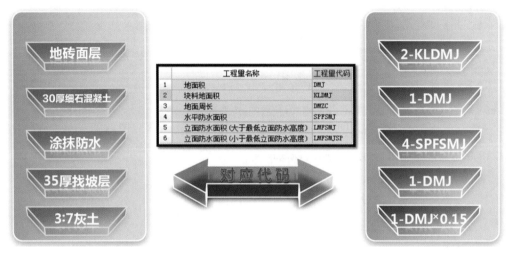

图 3-13　做法对应的代码

第三步：软件定义界面套取的防滑地砖地面清单下，定额按照图 3-13 列出的 5 项内容分别套项（以贵州省定额子目为例），在工程量表达式中依次选择代码即可，如图 3-14 所示。

	编码	类别	项目名称	项目特征	单位	工程量表	表达式说明
1	011102001	项	防滑地砖地面	1.找平层厚度、砂浆配合比:30厚C15细石混凝土找平层 2.找平层厚度、砂浆配合比:30厚C15细石混凝土找平层 3.面层材料品种、规格、颜色:5厚防滑地砖 4.防水层材料种类:涂抹防水 5.垫层:3:7灰土	m²	KLDMJ	KLDMJ〈块料地面积〉
2	B1-40	定	块料面层 防滑地砖		m²	KLDMJ	KLDMJ〈块料地面积〉
3	B1-22	定	找平层 细石混凝土厚30mm		m²	DMJ	DMJ〈地面积〉
4	A7-35	定	涂抹防水层		m²	SPFSMJ	SPFSMJ〈水平防水面积〉
5	B1-22 D 35	换	找平层 细石混凝土厚30mm 实际厚度:35		m²	DMJ	DMJ〈地面积〉
6	B1-1	定	垫层 灰土3:7垫层		m³	DMJ*0.15	DMJ〈地面积〉*0.15

图 3-14　软件定额套取

第四步：绘制地面后汇总计算，切换至报表界面，即可看到"清单定额汇总表"（图 3-15）中相关工程量已自动关联，其报表可直接导入计价软件进行套价（或将算量工程直接导入计价软件），达到快速提量的目的。

清单定额汇总表

工程名称：工程1　　　　　　　　　　　　　　　　　　　　　　　编制日期：2015-07

序号	编码	项目名称	单位	工程量	工程量明细	
					绘图输入	表格输入
1	010904001001	楼（地）面卷材防水 1.卷材品种、规格、厚度：氯丁橡胶防水卷材 2.防水层数：2 3.反边高度：淋浴位置1800mm，其他位置300mm	m²	34.3	34.3	
	A7-93	氯丁橡胶防水卷材,平面	100m²	0.2058	0.2058	
	A7-94	氯丁橡胶防水卷材,立面	100m²	0.1548	0.1548	
2	011102001001	防滑地砖地面 1.找平层厚度、砂浆配合比：30厚C15细石混凝土找平层 2.找平层厚度、砂浆配合比：30厚C15细石混凝土找平层 3.面层材料品种、规格、颜色：5厚防滑地砖 4.防水层材料种类：涂抹防水 5.垫层：3：7灰土	m²	100.24	100.24	
	B1-40	块料面层 防滑地砖	m²	100.064	100.064	
	B1-22	找平层 细石混凝土 厚30mm	m²	100.24	100.24	
	A7-35	涂抹防水层	100m²	0.2058	0.2058	
	B1-22 D35	找平层 细石混凝土 厚30mm 实际厚度：35	m²	100.24	100.24	
	B1-1	垫层 灰土3：7垫层	m³	15.036	15.036	

图 3-15　清单定额报表

注：以上做法处理仅供参考，重点掌握提量方法。

3.2　地面防水

3.2.1　图纸分析

卫生间在设计或者现场装修时都需要考虑做防水，主要目的是防止水流入另一个房间或者漏到下一层，从而破坏其他空间的装修设施。防水材料一般使用刚性防水卷材，四周会做防水卷边，有些图纸有特殊说明，会有局部加高的情况（图3-16）。对于图纸防水有局部加高的情况，需要区分软件中各防水代码包含的内容，防水代码有三个，如图3-17所示。

图 3-16　防水局部加高

图 3-17　地面工程量防水代码

3.2.2　算法分析

《房屋建筑与装饰工程工程量计算规范》GB 50854—2013 第 64 页中规定：建筑物地面防水、防潮层，其工程量按主墙间净空面积计算，与墙面连接处防水反边高度在 300mm 以内者按展开面积并入平面工程量内，算作地面防水；超过 300mm 时，按立面防水层计算，算作墙面防水，如图 3-18 所示。

表 1.4　楼（地）面防水、防潮（编码：010904）

项目编码	项目名称	项目特征	计量单位	工程计算规则	工作内容
01 0904001	楼（地）面卷材防水	1. 卷材品种、规格、厚度 2. 防水层数 3. 防水层做法	m²	按设计图示尺寸以面积计算。 1. 楼（地）面防水：按主墙间净空面积计算，扣除凸出地面的构筑物、设备基础等所占面积，不扣除间壁墙及单个面积 ≤ 0.3m² 柱、垛、烟囱和孔洞所占面积 2. 楼（地）面防水反边高度 ≤ 300mm 算作地面防水，反边高度 >300mm 算作墙面防水	1. 基层处理 2. 刷粘结剂 3. 铺防水卷材 4. 接缝、嵌缝
010904002	楼（地）面涂膜防水	1. 防水膜品种 2. 涂膜厚度、遍数 3. 增强材料种类			1. 基层处理 2. 刷基层处理剂 3. 铺布、喷涂防水层
01 0904003	楼（地）面砂浆防水（防潮）	1. 防水层做法 2. 砂浆厚度、配合比			1. 基层处理 2. 砂浆制作、运输、摊铺、养护
01 0904004	楼（地）面变形缝	1. 嵌缝材料种类 2. 止水带材料种类 3. 盖缝材料 4. 防护材料种类	m	按设计图示以长度计算	1. 清缝 2. 填塞防水材料 3. 止水带安装 4. 盖缝制作、安装 5. 刷防护材料

注：①楼（地）面防水找平层按本规范附录 K 楼地面装饰工程"平面砂浆找平层"项目编码列项
　　②楼（地）面防水搭接及附加层用量不另行计算，在综合单价中考虑

图 3-18　地面防水计算规则

《房屋建筑与装饰工程工程量计算规范》GB 50854—2013 规范中将防水分为地面防水

和墙面防水，结合以上规定可归纳为：

（1）地面防水工程量 = 地面面积 + 立面高度 0.3m 以下的面积。

（2）墙面防水工程量 = 立面高度 0.3m 以上的面积。

3.2.3 软件处理

在计量软件中，防水反边高度在算量软件"土建设置→计算设置→楼地面立面防水的最低高度值"中已按照清单规范 300mm 进行设置（图 3-19），定额规则按各地定额规则设置。

	设置描述	设置选项
1	楼地面立面防水的最低高度值(mm)	300

图 3-19 防水计算设置

提取地面防水工程量，操作流程如图 3-20 所示。

修改属性　设置防水卷边　套取清单定额　选择防水代码　汇总计算　报表查看

图 3-20 防水工程量提取流程

1. 楼地面属性中将"是否计算防水"修改为"是"（属性为私有属性，先修改再绘制；或者绘制后选择相应地面后再修改属性），如图 3-21 所示。

2. 点击"设置防水卷边"的功能，按照操作提示选择"指定图元"或者"指定边"，输入防水高度，生成防水卷边，如图 3-21 所示。

注："指定图元"是指楼地面四条边的防水高度都一样时，可以选中整个图元生成，四边就会生成相同高度的防水卷边；"指定边"是指其中某一边的防水高度跟其他高度不一致时，也就是防水局部加高的情况，可以单独选中某一边进行调整。

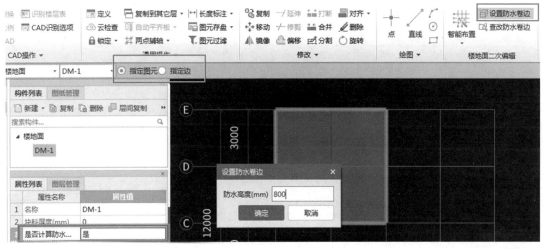

图 3-21 防水工程量操作

3. 生成防水卷边后在地面"定义"界面套取防水清单定额，工程量表达式中选择相应防水代码（图 3-22），注意区分地面防水代码及墙面防水代码的选择：

（1）地面防水工程量 =SPFSMJ（水平防水面积）；

（2）墙面防水工程量 =LMFSMJ［立面防水面积（大于最低立面防水高度）］；

（3）立面防水面积（小于最低立面防水高度）属于中间量，提取防水工程量时不提取。

4	水平防水面积	SPFSMJ
5	立面防水面积(大于最低立面防水高度)	LMFSMJ
6	立面防水面积(小于最低立面防水高度)	LMFSMJSP

图 3-22　软件防水代码

以两个实际小案例加深理解：

（1）若实际工程立面防水高度为 200mm，小于软件默认设置的最低立面防水高度 300mm，则查看地面计算式时，防水工程量分为水平防水面积、立面防水面积（小于最低立面防水高度）两个代码工程量，其中水平防水面积（SPFSMJ）已经包含立面防水面积（小于最低立面防水高度）（LMFSMJSP），故此种情况提取地面防水代码时只选择"水平防水面积（SPFSMJ）"即可，如图 3-23 所示。

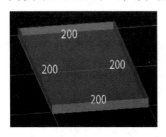
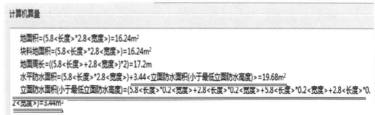

图 3-23　防水卷板高度 200 计算式

（2）若实际工程立面防水高度为 600mm，大于软件默认设置 300mm 时，则查看地面计算式时，防水工程量分为水平防水面积、立面防水面积（大于最低立面防水高度）两个代码工程量，此时水平防水面积跟立面防水是分开计算的，故在提取防水工程量时，地面防水提取水平防水面积，墙面防水选择立面防水面积（大于最低立面防水高度）即可，如图 3-24 所示。

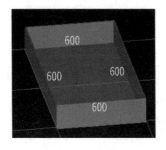

图 3-24　防水卷边高度 600 计算式

4.最后汇总计算提取相应工程量。

注：（1）对于单边局部加高的卫生间防水（图 3-26），在"设置防水卷边"之前，需要通过"设置夹点"功能（图 3-25），将加高的部分边线打断：选中地面→右键单击"设置夹点"→Shift+ 能够捕捉到的点→输入偏移值→选择偏移方向→右键单击"确认"。

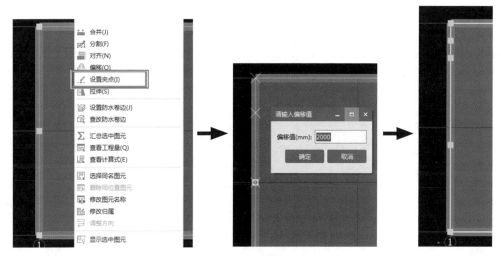

图 3-25　设置夹点

（2）"设置夹点"后"设置防水卷边"，选择"指定边"，选择相应边分别设置防水高度（图 3-26），设置完成后，地面防水提取"水平防水面积"，墙面防水提取"立面防水面积（大于最低立面防水高度）"即可。

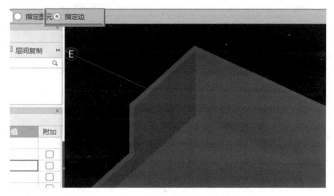

图 3-26　局部加高设置

3.3　墙面装修

3.3.1　案例分析

本案例工程中凸出墙面柱的装修是大理石饰面，与墙面装饰不同（图 3-27），在软件中如何快速提量？

3.3.2　算法分析

从墙面抹灰面积、墙面块料面积两类工程量的计算规则进行分析：

（1）墙面抹灰面积：《房屋建筑与装饰工程工程量计算规范》GB 50854—2013 第 77 页墙面抹灰面积中规定：墙面抹灰工程量扣除门窗洞面积但门窗洞口和孔洞的侧壁及顶面不增加面积；不扣除踢脚线、挂镜线和墙与构件交接处的面积；

图 3-27　柱面装修与柱面装修不同

附墙柱、梁、垛、烟囱侧壁并入相应的墙面面积内。如图 3-28 所示。

表 L.1　墙面抹灰（编码：011201）

项目编码	项目名称	项目特征	计量单位	工程计算规则	工作内容
011201001	墙面一般抹灰	1. 墙体类型 2. 底层厚度、砂浆配合比 3. 面层厚度、砂浆配合比 4. 装饰面材料种类 5. 分格缝宽度、材料种类	m²	按设计图示尺寸以面积计算。扣除墙裙、门窗洞口及单个 >0.3 m² 的孔洞面积，不扣除踢脚线、挂镜线和墙与构件交接处的面积，门窗洞口和孔洞的侧壁及顶面不增加面积。附墙柱、梁、垛、烟囱侧壁并入相应的墙面面积内。 1. 外墙抹灰面积按外墙垂直投影面积计算 2. 外墙裙抹灰面积按其长度乘以高度计算 3. 内墙抹灰面积按主墙间的净长乘以高度计算 (1) 无墙裙的，高度按室内楼地面至天棚底面计算 (2) 有墙裙的，高度按墙裙顶至天棚底面计算 4. 内墙裙抹灰面积按内墙净长乘以高度计算	1. 基层清理 2. 砂浆制作、运输 3. 底层抹灰 4. 抹面层 5. 抹装饰面 6. 勾分格缝
011201002	墙面装饰抹灰				
011201003	墙面勾缝	1. 墙体类型 2. 找平的砂浆厚度、配合比			1. 基层处理 2. 砂浆制作、运输 3. 抹灰找平
011201004	立面砂浆找平层	1. 墙体类型 2. 勾缝类型 3. 勾缝材料种类			1. 基层清理 2. 砂浆制作、运输 3. 勾缝

注：①立面砂浆找平项目适用于仅做找平层的立面抹灰。
　　②抹石灰砂浆、水泥砂浆、混合砂浆、聚合物水泥砂浆、麻刀石灰浆、石膏灰浆等按墙面一般抹灰列项，水刷石、斩假石、干粘石、假面砖等按墙面装饰抹灰列项。
　　③飘窗凸出外墙面增加的抹灰不计算工程量，在综合单价中考虑

图 3-28　墙面抹灰面积计算规则

（2）墙面块料面积：《房屋建筑与装饰工程工程量计算规范》GB 50854—2013 第 79 页墙面块料面积中规定：墙面块料按实际镶贴表面积计算，也就是门窗侧壁等需要按实计算，如图 3-29 所示。

由此看来，实际工程计算墙面工程量时需要考虑内外墙面计算规则，并结合实际施工用料，以及相关构件之间的扣减关系，才能精准提取墙面工程量。

表 L.4　墙面块料面层（编码：011204）

项目编码	项目名称	项目特征	计量单位	工程计算规则	工作内容
011204001	石材墙面	1. 墙体类型 2. 安装方式 3. 面层材料品种、规格、颜色 4. 缝宽、嵌缝材料种类 5. 防护材料种类 6. 磨光、酸洗、打蜡要求	m²	按镶贴表面积计算	1. 基层清理 2. 砂浆制作、运输 3. 粘结层铺贴 4. 面层安装 5. 嵌缝 6. 刷防护材料 7. 磨光、酸洗、打蜡
011204002	拼碎石材墙面				
011204003	块料墙面				

图 3-29　墙面块料面积计算规则

3.3.3　软件处理

软件中墙面主要的代码分为墙面整体面层、墙面块料面层、墙身柱报表量、墙上梁报表量 4 类，如表 3-1 所示。

墙面装修代码　　　　　　　　　　　　　　　　　表 3-1

报表量名称及其代码			
墙面整体面层	墙面抹灰面积（区分材质）	砖墙面抹灰面积	ZQMMHMJ
		混凝土墙面抹灰面积	TQMMHMJ
		砌块墙面抹灰面积	QKQMMHMJ
		石墙面抹灰面积	SQMMHMJ
	墙面抹灰面积（不分材质）	—	QMMHMJ
墙面块料面层	墙面块料面积（区分材质）	—	—
	墙面块料面积（不分材质）	—	QMKLMJ
墙身柱报表量	柱抹灰面积（ZMHMJ）	凸出墙面柱抹灰面积	TCQMZMHMJ
		平齐墙面柱抹灰面积	PQQMZMHMJ
	柱块料面积（ZKLMJ）	凸出墙面柱块料面积	TCQMZKLMJ
		平齐墙面柱块料面积	PQQMZKLMJ
墙上梁报表量	梁抹灰面积（LMHMJ）	凸出墙面梁抹灰面积	TCQMLMHMJ
		平齐墙面梁抹灰面积	PQQMLMHMJ
	梁块料面积（LKLMJ）	凸出墙面梁块料面积	TCQMLKLMJ
		平齐墙面梁块料面积	PQQMLKLMJ

1. 墙面面层分为墙面抹灰面积和墙面块料面积，抹灰面积和块料面积中又分为区分材质与不分材质，区别如下：

（1）抹灰面积（不分材质）和块料面积（不分材质）的区别：结合《房屋建筑与装饰工程工程量计算规范》GB 50854—2013 可以了解到块料面积是按照镶贴面积计算，即按照实铺面积计算，需要考虑门窗侧壁的工程量，而抹灰面积是按照主墙间的净空面积进行计算，门窗洞口和孔洞的侧壁及顶面不增加面积，因此块料面积比抹灰面积多了门窗侧壁的工程量。软件计算设置与规范保持一致（图3-30、图3-31），查看计算式时，块料面积计算式中增加了门窗侧壁工程量，抹灰面积计算式无门窗侧壁工程量，如图3-32所示。

图 3-30　块料面积计算规则

图 3-31　抹灰面积计算规则

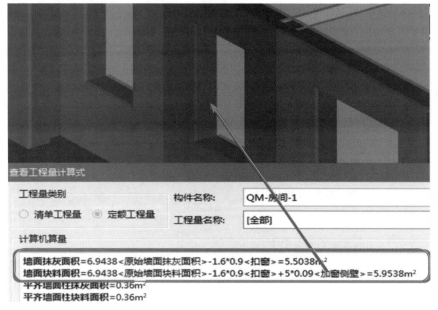

图 3-32　软件计算结果

（2）抹灰面积（区分材质）与（不分材质）的区别（块料面积同抹灰面积）：

抹灰面积（区分材质）：按照墙材质区分工程量。

抹灰面积（不分材质）：墙身抹灰工程量＋墙上板下梁侧面面积（只计算梁侧，梁底面计算到顶棚工程量中）＋附墙柱抹灰面积（包含柱面的装修）；软件计算规则如图3-33所示。

图 3-33　墙面计算规则

（3）墙身柱和墙上梁代码很好区分，对应选择即可，但注意：梁抹灰面积＝墙上板下梁侧面面积＋墙上板下梁底面面积，而墙面只包含梁侧面，如图 3-34 所示。

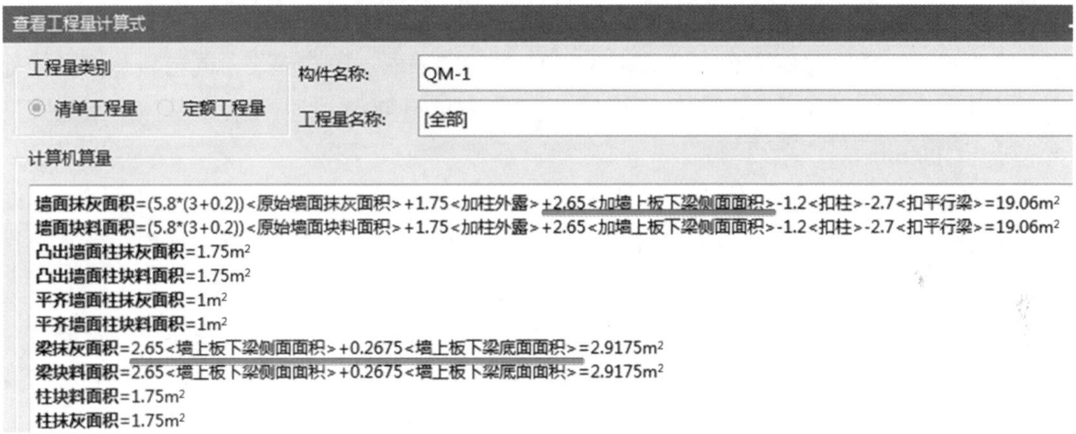

查看工程量计算式

工程量类别　　　　　构件名称：　QM-1

◉ 清单工程量　　定额工程量　　工程量名称：　[全部]

计算机算量

墙面抹灰面积=(5.8*(3+0.2))<原始墙面抹灰面积>+1.75<加柱外露>+2.65<加墙上板下梁侧面面积>-1.2<扣柱>-2.7<扣平行梁>=19.06m²
墙面块料面积=(5.8*(3+0.2))<原始墙面块料面积>+1.75<加柱外露>+2.65<加墙上板下梁侧面面积>-1.2<扣柱>-2.7<扣平行梁>=19.06m²
凸出墙面柱抹灰面积=1.75m²
凸出墙面柱块料面积=1.75m²
平齐墙面柱抹灰面积=1m²
平齐墙面柱块料面积=1m²
梁抹灰面积=2.65<墙上板下梁侧面面积>+0.2675<墙上板下梁底面面积>=2.9175m²
梁块料面积=2.65<墙上板下梁侧面面积>+0.2675<墙上板下梁底面面积>=2.9175m²
柱块料面积=1.75m²
柱抹灰面积=1.75m²

图 3-34　梁抹灰面积

2. 了解各墙面代码后，回顾案例中的问题：凸出墙面柱的装修是大理石饰面，与墙面装饰不同，在软件中如何快速提量？

计量软件处理思路具体操作可分为三步：

第一步：在墙面"定义"构件做法中分别套取墙面及柱面的清单。

第二步：柱面工程量代码选择"凸出墙面柱块料面积"代码；墙面工程量代码选择：墙面抹灰面积—凸出墙面柱抹灰面积（墙面抹灰工程量包含柱面），如图 3-35 所示。

	编码	类别	名称	项目特征	单位	工程量表达式	表达式说明
1	011201001	项	墙面一般抹灰		m²	QMMHMJ-TCQMZMHMJ	QMMHMJ<墙面抹灰面积>-TCQMZMHMJ<凸出墙面柱抹灰面积>
2	011204003	项	块料墙面(柱面)块料		m²	TCQMZKLMJ	TCQMZKLMJ<凸出墙面柱块料面积>

添加清单　删除　查询　项目特征　做法刷　做法查询　提取做法　当前构件自动套做法

图 3-35　案例工程—墙面代码选择

第三步：汇总计算后，构件做法报表中自动关联工程量。

综上所述，墙面各工程量可通过提取对应代码实现快速出量，前提是需要了解各代码含义，代码的含义可以通过右上角"？"的"帮助文档"中"计算规则详解"帮助理解；或者通过"查看计算式"结合"查看三维扣减图"及"计算规则"得出。

注：各地规则不同，计算结果会有不同，重点学习相应方法。

3.4　钢丝网片

3.4.1　图纸分析

结构设计总说明中，通长会要求非混凝土与混凝土构件相交位置计算钢丝网片，防止墙面开裂。例如在墙体粉刷面层连接处做 300 宽钢丝网，如图 3-36 所示。

> 3. 厨房卫生间砌块墙体下端应先砌同墙厚的页岩砖基座并高于楼地面 300 凡填充砌块与其他材料相接处均在接缝处加钉通长 300 宽，0.8 厚 9*25 孔钢板网再做墙面抹灰内外墙均采用 M5 混合砂浆砌筑轻塑材料墙体做粉刷面层的连接处均 加钉 300 宽的钢丝网

图 3-36　钢丝网片要求

3.4.2　算法分析

在《建筑装饰装修工程质量验收标准》GB 50210—2018　第 4.2.4 条中规定：抹灰工程应分层进行，当抹灰总厚度大于或等于 35 mm 时，应采取加强措施。不同材料基体交接处表面的抹灰，应采取防止开裂的加强措施，当采用加强网时，加强网与各基体的搭接宽度不应小于 100 mm。

施工部位：不同材料基体交接处抹灰前防止开裂的加强措施，外墙多用钢板网片，内墙多用塑料网片，具体措施要根据设计文件的具体要求进行施工和结算，网片与各基层搭接宽度多在 150mm。具体宽度根据工程实际情况修改。

钢丝网片的作用：为加强建筑结构的整体性，预防建筑防裂、进行墙体保温，设计要求在混凝土与非混凝土构件相交处，沿相交线长度方向设置钢丝网片（钢丝网片的形状及宽度为相对固定值，由设计给出），部分工程钢丝网片为线性体，部分工程钢丝网片为满挂，即面状体（满挂的情况只有外墙外面才满挂）。

对于钢丝网片分类可分为三种形式，划分依据分别为按相交构件、按内外墙、按水平垂直进行区分，详细分类结果如下：

1. 按照相交构件分为三类，如图 3-37 所示。

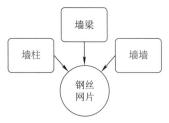

图 3-37　钢丝网片分类

（1）墙墙：指非混凝土墙与混凝土墙之间的钢丝网片长度，如图 3-38 所示。

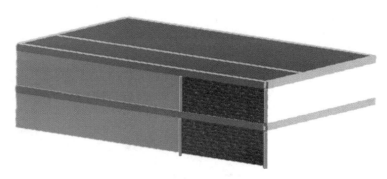

图 3-38　墙墙钢丝网片

（2）墙柱：指非混凝土墙与混凝土柱之间的钢丝网片长度，按实际接触面道数进行计算，如图 3-39 所示。

图 3-39　墙柱钢丝网片

（3）墙梁：指非混凝土墙与混凝土梁（梁、连梁、圈梁、压顶）之间的钢丝网片长度，如图 3-40 所示。

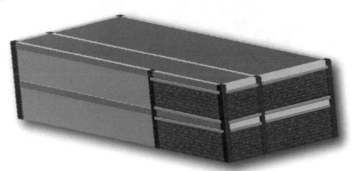

图 3-40　墙梁钢丝网片

2. 按照内墙提量和外墙提量分类（表 3-2）。

钢丝网片提量分类　　　　　　　　　　　　　　　　　表 3-2

内墙钢丝网片	外墙钢丝网片
内墙两侧钢丝网片总长度	外墙外侧满挂钢丝网片面积
内部墙梁钢丝网片长度	外墙外（内）侧墙梁钢丝网片长度
内部墙墙钢丝网片长度	外墙墙墙钢丝网片长度
内部墙柱钢丝网片长度	外墙外（内）侧墙柱钢丝网片长度

3.按照水平和竖向分类，如图 3-41 所示。

（1）竖向钢丝网片：主要计算墙柱相交或者墙墙相交时的工程量，墙柱钢丝网片长度＝柱与墙相交处接触边的净高，墙墙钢丝网片长度＝墙与墙相交处接触边的净高，如图 3-42 所示。

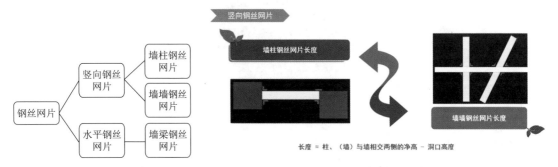

图 3-41　钢丝网片分类　　　　　　　　　　　图 3-42　竖向钢丝网片

（2）水平钢丝网片：主要计算墙梁钢丝网片，墙梁钢丝网片有三种情况：

①中间楼层且无板时：内墙计算四道，外墙计算四道。

②中间楼层有板时：外墙内侧计算一道，外墙外侧计算两道，内墙计算三道。

③顶层时：外墙外侧计算一道，外墙内侧计算一道，内墙计算两道。

长度＝墙体净长（外墙外边线净长度，内墙内边线净长度），如图 3-43 所示。

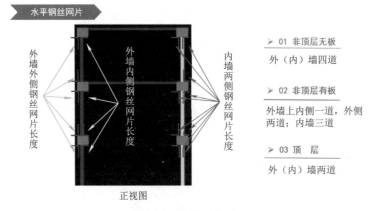

图 3-43　水平钢丝网片

3.4.3　软件处理

1. 钢丝网片代码分为：外墙外侧钢丝网片长度、外墙内侧钢丝网片长度、内墙两侧钢丝网片长度，软件工程量与代码的关系是：

外墙外侧钢丝网片总长度：外部墙墙＋外部墙柱＋外部墙梁钢丝网片长度工程量之和；

外墙内侧钢丝网片总长度：内部墙墙＋内部墙柱＋内部墙梁钢丝网片长度工程量之和；

内墙两侧钢丝网片总长度：内部墙墙＋内部墙柱＋内部墙梁钢丝网片长度工程量之和；

外墙内侧钢丝网片总长度＋内墙两侧钢丝网片总长度＝内部墙墙＋内部墙柱＋内部墙梁钢丝网片长度工程量之和；

钢丝网片总长度：外墙外侧钢丝网片总长度＋外墙内侧钢丝网片总长度＋内墙两侧钢

丝网片总长度，具体钢丝网片代码如图 3-44 所示。

8	外墙外侧钢丝网片总长度	WQWCGSWPZCD
9	外墙内侧钢丝网片总长度	WQNCGSWPZCD
10	内墙两侧钢丝网片总长度	NQLCGSWPZCD
11	外部墙梁钢丝网片长度	WQLGSWPCD
12	外部墙柱钢丝网片长度	WQZGSWPCD
13	外部墙墙钢丝网片长度	WQQGSWPCD
14	内部墙梁钢丝网片长度	NQLGSWPCD
15	内部墙柱钢丝网片长度	NQZGSWPCD
16	内部墙墙钢丝网片长度	NQQGSWPCD
17	外墙外侧满挂钢丝网片面积	WQWCGSWPMJ

图 3-44　墙体钢丝网片代码

备注：针对墙墙、墙梁、墙柱相关代码，部分地区算量中可能没有（即图 3-44 中的第 11 ~ 16 条）。

2. 了解钢丝网片代码含义之后，结合案例图纸中在墙体粉刷面层连接处需要做 300 宽钢丝网，软件中的可通过两步处理：

第一步：在砌体墙界面套取清单做法。

第二步：内墙钢丝网片工程量表达式中选择对应的"内墙两侧钢丝网片总长度"代码，用代码乘以钢丝网片宽度 0.3 即可，如图 3-45 所示。

	编码	类别	名称	项目	单位	工程量表达式	表达式说明
1	⊟ 011207001	借项	墙面装饰板		m²	NQLCGSWPZCD*0.3	NQLCGSWPZCD<内墙两侧钢丝网片总长度>*0.3
2	└─ 10-113	借	GRC陶粒玻璃纤维空心轻质墙板安装 墙厚 9cm		m²	NQLCGSWPZCD*0.3	NQLCGSWPZCD<内墙两侧钢丝网片总长度>*0.3

图 3-45　内墙钢丝网片做法

第三步：外墙钢丝网片区分内外侧，选择对应代码乘以钢丝网片宽度即可（图 3-46）；如果外墙外侧为满挂钢丝网，选择"外墙外侧满挂钢丝网片面积"代码。

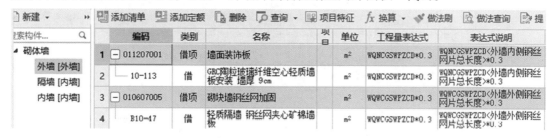

	编码	类别	名称	项目	单位	工程量表达式	表达式说明
1	⊟ 011207001	借项	墙面装饰板		m²	WQNCGSWPZCD*0.3	WQNCGSWPZCD<外墙内侧钢丝网片总长度>*0.3
2	└─ 10-113	借	GRC陶粒玻璃纤维空心轻质墙板安装 墙厚 9cm		m²	WQNCGSWPZCD*0.3	WQNCGSWPZCD<外墙内侧钢丝网片总长度>*0.3
3	⊟ 010607005	借项	砌块墙钢丝网加固		m²	WQWCGSWPZCD*0.3	WQWCGSWPZCD<外墙外侧钢丝网片总长度>*0.3
4	B10-17	借	轻质隔墙 钢丝网夹心矿棉墙		m²	WQWCGSWPZCD*0.3	WQWCGSWPZCD<外墙外侧钢丝网片总长度>*0.3

图 3-46　外墙钢丝网片做法

3.4.4　拓展：水平钢丝网片的计算原理

案例：非顶层有板，内墙墙体净长 3m，外墙墙体净长 3.1m，如何计算墙梁钢丝网片长度？如图 3-47 所示。

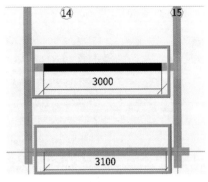

图 3-47　案例工程（俯视图）

1. 按照前面讲解的算法分析思路，非顶层有板时，内墙需要计算三道钢丝网片，案例工程内墙净长 3m，内墙计算结果总长 =3×3=9m，软件计算结果跟手算保持一致，如图 3-48 所示。

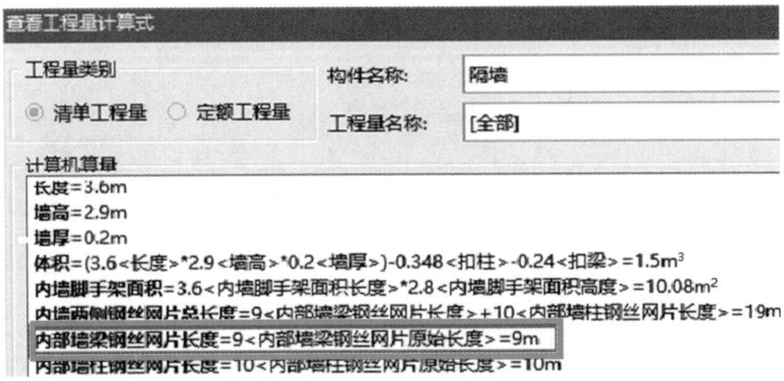

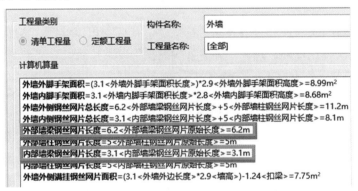

图 3-48　软件内墙计算结果

2. 非顶层有板时，外墙外侧计算两道，外墙内侧计算一道，案例工程外墙净长 3.1m，外墙外侧计算结果 =2×3.1=6.2m，外墙内侧计算结果 =1×3.1=3.1m，软件计算结果与手算保持一致，如图 3-49 所示。

图 3-49　所示软件外墙计算结果

通过以上测试可以看出软件计算结果是准确的，但确保准确的前提是外墙必须是封闭的，软件通过封闭区域区分内外侧，凡是代码中有“内侧”“外侧”字样的，都需要保障外墙封闭。如果外墙不封闭，需要使用虚外墙将建筑外墙做封闭处理。外墙是否封闭除了影响钢丝网片的工程量外，还影响脚手架、筏板防水、挑檐面积等，如图 3-50 所示。

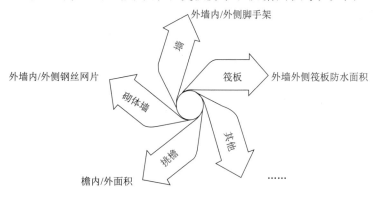

图 3-50 外墙封闭影响的工程量代码

3.4.5 拓展：圈梁、构造柱不计算钢丝网片如何处理？

构造柱、圈梁与砌体墙同样属于二次构造，虽然材质不同，但是圈梁、构造柱是在墙体砌筑完成后进行现浇混凝土施工不易产生裂缝，软件默认圈梁、构造柱与砌体墙交接处均计算钢丝网片，如果工程中构造柱和圈梁不计算钢丝网片，可以调整钢丝网片的计算规则为"不计算"，如图 3-51 所示。

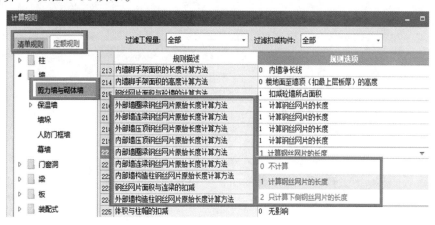

图 3-51 钢丝网片计算规则

3.5 飘窗装修

3.5.1 图纸分析

飘窗，一般呈矩形或梯形向室外凸起，三面都装有玻璃。飘窗有内飘和外飘两种类型，外飘是凸的，内飘是平凹的，外飘窗一般三面都是玻璃窗，凸出墙体，底下是凌空的，内飘窗一般都有一面玻璃，两面是墙，比较安全，但是会占用室内的空间。飘窗不仅增加了户型采光、通风的功能，而且也为商品房的外立面增添了建筑魅力，飘窗一般由上下飘窗板、侧板、窗、洞口、栏杆等组成，而飘窗的工程量一般会计算上下飘窗板及侧板的体积、模板面积、保温、抹灰、防水、涂料等，如图 3-52 所示。

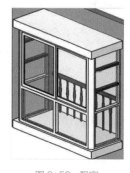

图 3-52 飘窗

3.5.2　算法分析

《建筑工程建筑面积计算规范》GB/T 50353—2013 中规定，"窗台与室内楼地面高差在 0.45m 以下且结构净高在 2.10m 及以上的凸（飘）窗，应按其围护结构外围水平面积计算 1/2 面积；窗台与室内地面高差在 0.45m 以下且结构净高在 2.10m 以下的凸（飘）窗，不计算建筑面积"。

飘窗工程量按照构件分为飘窗顶板、飘窗底板、带型窗、栏杆 4 大块，如图 3-53 所示。

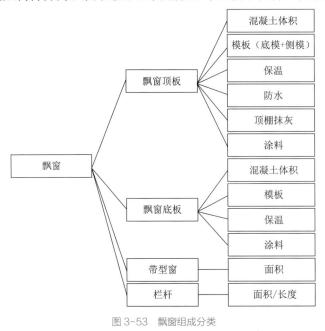

图 3-53　飘窗组成分类

针对飘窗组成的四部分需要计算的工程量，可分为以下几类：

（1）混凝土体积：指飘窗上、下飘窗板的体积。

（2）模板面积：指上飘窗板底面及侧面、下飘窗板底面及侧面的模板面积。

（3）底板侧面面积、底板底面面积：指飘窗板底板的侧面和底面面积，可以用来计算飘窗的保温、涂料等工程量。

（4）顶板侧面面积、顶板顶面面积：指飘窗板顶板的侧面和顶面面积，可以用来计算飘窗的防水、保温等工程量。

（5）窗外底板顶面装修面积、窗内底板顶面装修面积：指飘窗底板在窗外和窗内的顶面装修面积，考虑到窗内和窗外的装修不同分开提量。

（6）窗外顶板底面装修面积、窗内顶板底面装修面积：指飘窗顶板的底面在窗内和窗外的装修面积，考虑到窗外和窗内的装修不同分开提量。

3.5.3　软件处理

1. 软件右上角"？"中"帮助文档"内置"计算规则详解"有各个构件的代码详解，飘窗的代码详解如图 3-54 所示。

2. 绘制完飘窗后可以在报表中提取对应工程量；或者在飘窗界面套取清单定额，在工程量表达式中根据实际情况选择相应代码即可，多种代码可自由组合，如图 3-55 所示。

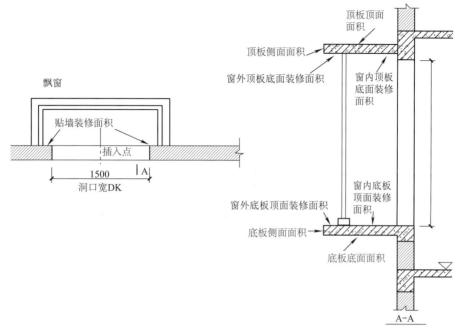

图 3-54　帮助文档中飘窗代码

	工程量名称	工程量代码
1	数量	SL
2	混凝土体积	TTJ
3	贴墙装修面积	TQZHXMJ
4	底板侧面面积	DDBCMMJ
5	底板底面面积	DDBDMMJ
6	窗外底板顶面装修面积	CWDDBDMZHXMJ
7	窗内底板顶面装修面积	CNDDBDMZHXMJ
8	顶板侧面面积	DGBCMMJ
9	顶板底面面积	DGBDMMJ
10	窗外顶板底面装修面积	CWDGBDMZHXMJ
11	窗内顶板底面装修面积	CNDGBDMZHXMJ
12	窗面积	CMJ
13	洞口面积	DKMJ
14	侧板面积	CBMJ
15	窗外侧板装修面积	CWCBZHXMJ
16	窗内侧板装修面积	CNCBZHXMJ
17	侧板体积	CTJ

图 3-55　飘窗代码

3.5.4　拓展：做法刷应用

应用场景：若一个工程中有不同的楼层，多个构件，做法相同，此时可使用"做法刷"功能软件操作：（1）套取某个构件清单和定额后，选中套好的清单、定额，点击"做法刷"功能；如图 3-56 所示。

	编码	类别	名称	项目特征	单位	工程量表达式	表达式说明
1	─ 010402001	项	墙面装饰板		m³	WQWCGSWPZCD	WQWCGSWPZCD<外墙外侧钢丝网片总长度>
2	A3-2	定	实砌墙,一般墙		m³	TJ	TJ<体积>
3	─ 010401008	项	填充墙		m³	WQNCGSWPZCD	WQNCGSWPZCD<外墙内侧钢丝网片总长度>
4	A3-6	定	1 1/2砖填充墙,炉渣		m³	TJ	TJ<体积>

图 3-56　做法刷

（2）在弹出的窗口中，如有需要过滤可以通过"同类型属性"进行过滤，右键全选相同做法的构件，可快速复制做法，如图 3-57 所示。

图 3-57   做法过滤

3.6   案例总结

装修的处理思路：首先了解图纸中需要计算的工程量，根据清单规范计算规则进行列项，清晰代码含义，结合软件中的"帮助文档"，进行多种代码组合，即可快速提取构件工程量和中间量，使用代码提量的几个优点：

（1）清晰软件工程量的来源，准确出量；

（2）少画图多算量，灵活高效；

（3）节约重复翻阅图纸的时间，快速提量；

（4）直接导入计价，快速得出工程造价。

第 4 章　桩承台案例解析

本工程为 ×× 市大规模城市综合运营项目的住宅区域，区域有 10 栋高层住宅，20 栋低层住宅，结构类型为框剪结构，总建筑面积约 30 万平方米，基础形式为地下室底板 + 桩承台组合，承台数量达到 1000 多个，本章主要针对本工程中的所有桩承台类型进行剖析，本工程的承台类型按照截面样式可分为：矩形承台、三桩承台、异形承台（图 4-1），几乎涵盖所有常见的承台种类。

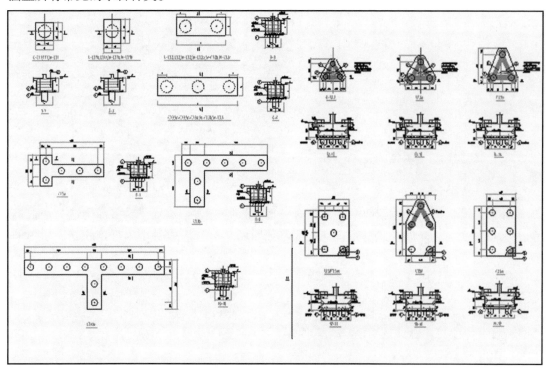

图 4-1　桩承台大样图

桩承台是在群桩基础上将桩顶用钢筋混凝土平台或者平板连成整体基础，以承受其上荷载的结构。承台构件需要计算钢筋、混凝土、模板、防水工程量，由于承台的配筋形式一般通过大样图的形式表达，配筋形式多样，本书从受力角度、配筋方式角度将承台分为五大类：环式配筋桩承台、梁式配筋桩承台、板式配筋桩承台、三桩承台、异形桩承台。本章重点分析环式桩承台、梁式桩承台、三桩承台、异形承台的钢筋及承台混凝土、模板、防水工程量的计算，本章内容如图 4-2 所示。

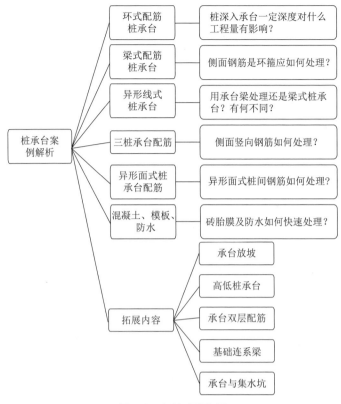

图 4-2   本章知识框架图

4.1   环式配筋桩承台

4.1.1   图纸分析

环式配筋桩承台尺寸较小且为矩形，一般上部构造为一根柱子，下部构造为一根桩，受力为点式受力，配筋形式三个方向均为箍筋（图 4-3），形成一个闭合钢筋笼，如图 4-4所示。

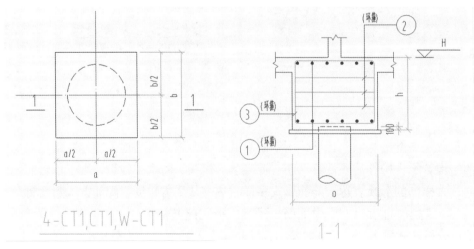

图 4-3   环式配筋桩承台大样图

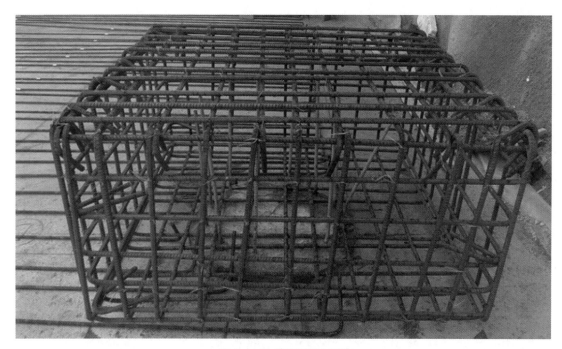

图 4-4   环式配筋桩承台钢筋

4.1.2   算法分析

环式配筋在长 b、宽 a、高 h 三个方向均为箍筋，钢筋信息均为 C10@150，按箍筋手算思路进行计算，2 号钢筋长度 $=2\times[$（a–2× 保护层 –2×D3）+（b–2× 保护层 –2×D1)]+2×12.89×d，其中 D 为相应方向的 1 号及 3 号钢筋直径，12.89×d 为箍筋弯钩长度，分为平直段及弯弧段长度（图 4-5），按软件中弯钩设置计算（参考《钢筋工手册》），如本工程箍筋为三级钢抗震构件，对应的平直段为 10d，箍筋 135° 弯弧段长度为 2.89d。

弯钩设置								
	箍筋					直筋		
钢筋级别	弯弧段长度(d)			平直段长度(d)		弯弧段长度(d)	平直段长度(d)	
	箍筋180°	箍筋90°	箍筋135°	抗震	非抗震	直筋180°	抗震	非抗震
1 HPB235,HPB300 (D=2.5d)	3.25	0.5	1.9	10	5	3.25	3	3
2 HRB335,HRB335E,HRBF335,HRBF335E (D=4d)	4.86	0.93	2.89	10	5	4.86	3	3
3 HRB400,HRB400E,HRBF400,HRBF400E,RRB400 (D=4d)	4.86	0.93	2.89	10	5	4.86	3	3
4 HRB500,HRB500E,HRBF500,HRBF500E (D=6d)	7	1.5	4.25	10	5	7	3	3

箍筋弯钩平直段按照：
○ 图元抗震考虑
● 工程抗震考虑

提示信息：   1、钢筋弯弧段内直径D取值及平直段长度取值依据平法图集22G101-1第2-2页相关规定；弯钩弯弧段长度参考依据：《钢筋工手册 第三版》第253表格内数据为理论计算值，可根据工程实际情况调整。
2、选择图元抗震按图元属性中的抗震等级计算，选择工程抗震按工程信息设置的抗震等级计算。

全部导入   全部导出   恢复默认值

图 4-5   弯钩设置

横向 1 号钢筋和纵向 3 号箍筋计算时需注意下部应减去桩深入承台内的高度，平法图集中规定当桩直径或桩截面边长 <800 时，嵌入 50；当桩直径或桩截面边长 >800 时，嵌入

100，如图 4-6 所示。

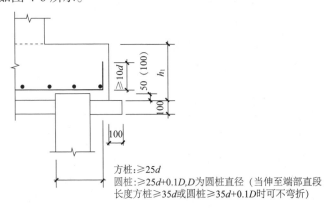

方桩:≥25d
圆桩:≥25d+0.1D,D为圆桩直径（当伸至端部直段
长度方桩≥35d或圆桩≥35d+0.1D时可不弯折）

注：当桩直径或桩截面边长小于800mm时，桩顶嵌入承台50mm；
当桩径或桩截面边长大于或等于800mm时，桩顶嵌入承台100mm。

图 4-6　桩嵌入承台长度（图集 22G 101—3 第 2-38 页）

本工程图纸中桩嵌入承台 100mm，计算时按图纸标注进行计算，3 号钢筋长度 = $2 \times [(a-2 \times$ 保护层$) + (h-$ 保护层 $-100)]+2 \times 12.89 \times d$。

4.1.3　软件处理

1. 建模：

处理流程：新建桩承台（名称与 CAD 图纸承台名称相同）→修改承台标高→新建桩承台单元→矩形承台→选择配筋形式（图 4-7）环式配筋→修改参数（截面信息、配筋信息、桩嵌入高度）→绘图→汇总查量。

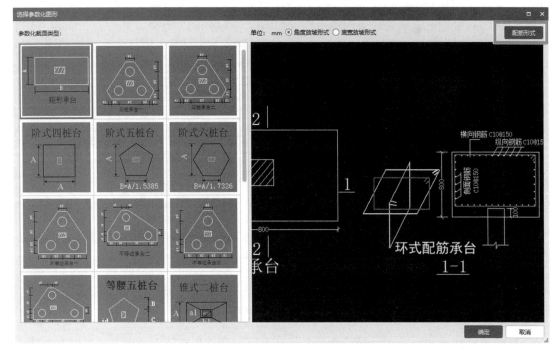

图 4-7　修改配筋形式

桩承台绘制有两种方法（图 4-8）：

（1）当无法识别时，可以使用描图的方法：点或者旋转点，结合快捷键 F4（切换插入点），进行描图。

（2）一般图纸都可以使用"识别桩承台"快速完成承台绘制，前提是"新建承台"时，承台的名称一定要与 CAD 图中的名称相同，识别时软件会按名称自动匹配新建好的承台。识别承台流程：提取承台边线→提取承台标识（承台名称及引线）→自动识别。

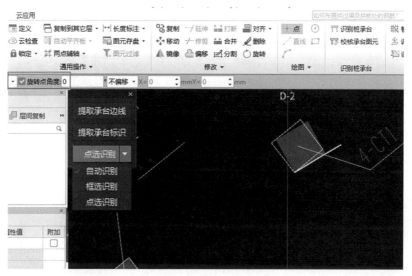

图 4-8 桩承台建模两种方法

2. 查看结果：

通过查看"编辑钢筋"及"钢筋三维"可以具体查看最终钢筋计算结果（图 4-9），软件计算结果与手算结果一致，不需要二次调整。

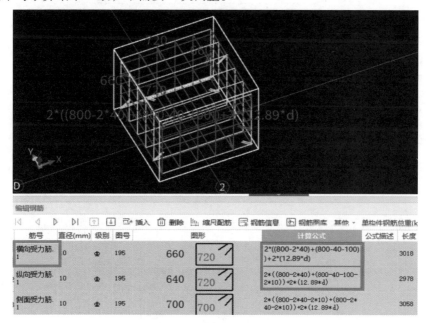

图 4-9 环式配筋桩承台软件结果

4.2 梁式配筋桩承台

4.2.1 图纸分析

梁式配筋桩承台尺寸一般为长条形，上部构造多为剪力墙，下部构造为线式排布的桩，截面配筋形式跟梁的配筋类似，但本工程比较特殊的是侧面钢筋是个环箍，如图 4-10 所示。

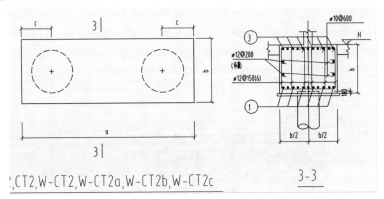

图 4-10　梁式配筋桩承台大样图

4.2.2 算法分析

梁式配筋桩承台需要计算的钢筋量有：上部钢筋、下部钢筋、侧面钢筋、箍筋及拉筋（图 4-11），下部 1 号钢筋信息为 8C18，上部 3 号钢筋信息为 8C14，侧面钢筋为环箍配筋信息为 C12@200，箍筋信息为 C12@150（6），拉筋信息为 C10@600。

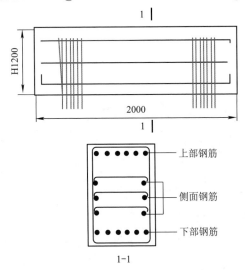

图 4-11　梁式配筋桩承需计算钢筋

1. 上部钢筋：由于本工程没有给出另外一个方向的剖面图，此时应与设计方确认，上部钢筋是否进行弯折及弯折长度；3 号上部钢筋 =（净长 $-2 \times$ 保护层 $+2 \times$ 弯折）$\times$ 根数。

2. 下部钢筋：平法图集中（图 4-6）桩承台的下部钢筋需弯折 $10 \times d$，同样建议与设计方确认弯折长度，1 号下部钢筋 =（净长 $-2 \times$ 保护层 $+2 \times$ 弯折）$\times$ 根数。

3. 侧面钢筋：本工程中侧面钢筋为环箍钢筋，按箍筋计算思路进行计算，侧面环箍钢筋长度 $=[(a-2 \times$ 保护层 $)+(b-2 \times$ 保护层 $)] \times 2+2 \times$ 弯钩。

4. 箍筋计算与环式配筋桩承台 3 号钢筋计算类似；拉筋长度 =b–2× 保护层 +2× 弯钩。

4.2.3 软件处理

梁式配筋桩承台的软件处理流程与环式配筋桩承台相同，只是在"配筋形式"中需要选择"梁式配筋承台"。修改参数时注意修改放坡角度的修改，本工程角度为 90°；上部钢筋默认弯折长度为 0，如需修改可以直接输入弯折长度，支持输入数值、数值 ×d 等格式，如图 4-12 所示。

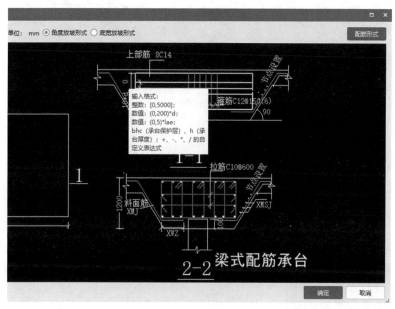

图 4-12　梁式配筋参数输入

查看"编辑钢筋"核对软件计算结果是否符合工程图纸，软件计算出的侧面钢筋长度 = 净长 –2× 保护层（图 4-13），未按照环箍进行计算，需要另外调整。按照复杂构件处理流程，钢筋部分可以采用其他钢筋、编辑钢筋、表格输入的方式进行调整：

1. 编辑钢筋：由于修改编辑钢筋，相当于修改软件自动计算的钢筋结果，一次只能修改一个承台，所以适用于平面图中承台构件数量较少的工程，操作流程如下：

（1）绘制完成的承台汇总计算后查看"编辑钢筋"。

（2）双击侧面受力筋的图号，点击三个小点，进入"钢筋图库"，"弯折"下拉选择"箍筋"，选择带弯钩箍筋如 195 号钢筋（图 4-14），点击"确定"。

（3）双击箍筋参数 H，输入箍筋高度，双击 B，输入箍筋宽度。

（4）修改侧面受力筋根数 = 软件计算结果 /2（由两侧的直筋变成箍筋）。

（5）"锁定"桩承台构件保存修改计算结果。

（6）"复制"已修改的构件到其他平面图位置。

注意：编辑钢筋中修改计算公式后务必对构件执行"锁定"命令，否则再次汇总计算，结果会恢复到原始计算结果。

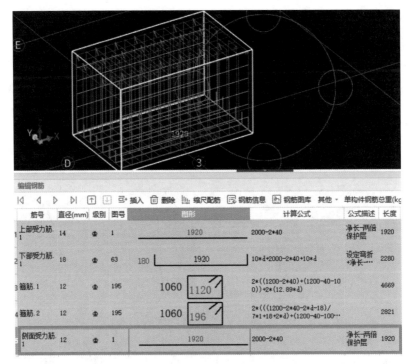

图4-13　梁式桩承台编辑钢筋

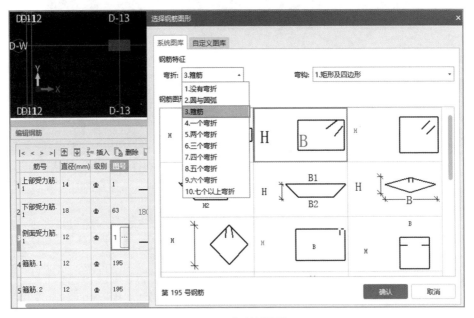

图4-14　修改编辑钢筋

2. 其他钢筋：由于其他钢筋是构件公有属性，在"属性"中添加钢筋，所有同名称构件均增加钢筋（如果使用其他钢筋处理侧面钢筋，在承台参数图中侧面钢筋信息需删除，否则计算重复），所以适用于建筑面积大、桩承台构件数量多、"复制"效率不高的工程，操作流程如下：

（1）点击"承台单元"，钢筋业务属性，其他钢筋（图4-15）。

（2）输入筋号，修改钢筋信息，双击图号，增加箍筋（需要计算弯钩），长度及宽度＝（承台宽度 –2× 保护层）/2。

（3）输入根数＝编辑钢筋中侧面钢筋根数 /2。

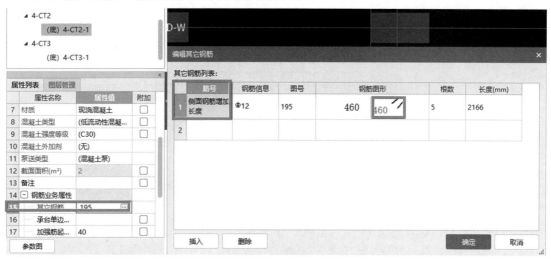

图 4-15　其他钢筋修改

经过测算，两种方法的计算结果相同，可按实际情况选择使用。

4.3　异形线式桩承台

4.3.1　图纸分析

本工程中存在异形线式桩承台（图 4-16），是多个梁式配筋桩承台的组合，承台的截面配筋与梁式配筋桩承台相同，但需要注意的是在相交处钢筋的处理。

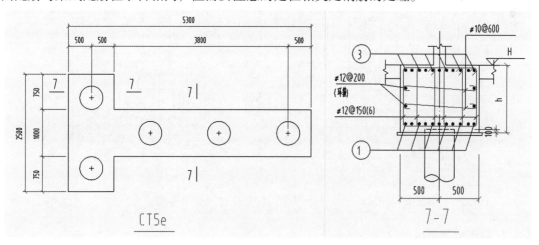

图 4-16　异形线式桩承台大样图

4.3.2　算法分析

两个方向相交部分的钢筋计算：承台的箍筋只有一个方向进行贯通布置，但上部钢筋、下部钢筋及侧面环箍需要计算至对边（图 4-17），计算方法与梁式配筋桩承台相同。

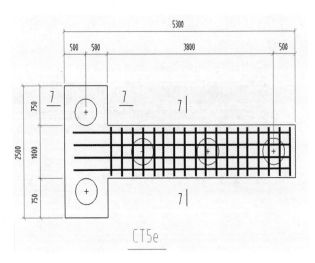

图 4-17　异形线式配筋分析

4.3.3　软件处理

这种异形线式承台软件中没有构件可以直接处理，按照复杂构件处理思路图，有两种方法可以处理：

（1）新建两个梁式配筋桩承台分别绘制进行处理。

（2）使用"承台梁"构件进行代替处理：承台梁的受力情况与异形线式桩承台类似，平法图集中承台梁的上部钢筋及下部钢筋在端部均弯折 10d，当满足一定条件时也可不弯折，参见图集《混凝土结构施工图平面整体表示方法制图规则和构造详图（独立基础、条形基础、筏形基础、桩基础）》22G101—3（以下简称图集 22G101—3），如图 4-18 所示。

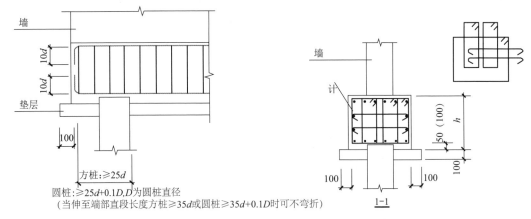

图 4-18　承台梁构造（图集 22G101—3 第 2-44 页）

1. 梁式配筋桩承台分别绘制

（1）新建两个梁式配筋桩承台，由于承台的箍筋只有一个方向贯通布置，所以横向的承台绘制到左侧竖向承台的内侧，如图 4-19 所示。

（2）根据软件"编辑钢筋"查看结果，上部、下部及侧面钢筋均按承台尺寸进行计算，只计算到承台边，没有伸到竖向承台外边。少算的这部分钢筋，可以放到"其他钢筋"进行补充，长度为另外一个方向承台的宽度值（1000），根数为上下部钢筋对应的根数，本案例中侧面环箍（对于侧面钢筋，软件默认计算到承台边截断）的处理如矩形梁式配筋桩承台的侧面环箍处理，如图 4-20 所示。

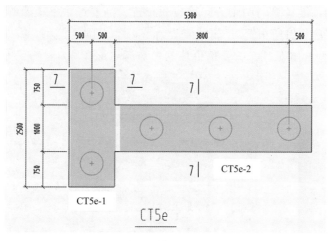

图 4-19　梁式配筋桩承台处理异形线式承台

	筋号	钢筋信息	图号	钢筋图形	根数	长度(mm)
1	上部钢筋	⌀18	1	1000	12	1000
2	下部钢筋	⌀18	1	1000	12	1000
3	侧面钢筋	⌀12	195	920 1000	6	4166
4						

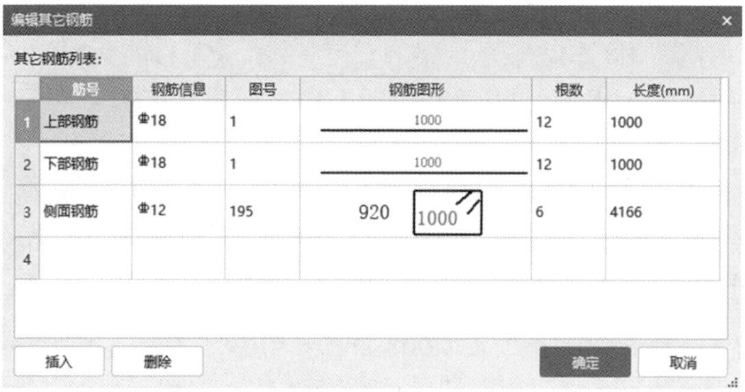

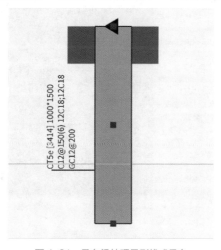

图 4-20　梁式配筋桩承台中补充的钢筋

2. 承台梁处理

（1）“基础梁”构件中新建“矩形基础梁”，修改梁类别为“承台梁”，为方便上部、下部钢筋的计算，第二根承台梁需“直线”绘制至另一个承台梁的外边线，如图 4-21 所示。

图 4-21　承台梁处理异形线式承台

（2）通过计算式，承台梁的上部钢筋、下部钢筋长度计算没有问题，弯折均为10d，这个弯折可以通过承台梁的"节点设置"中"承台梁端节点"进行修改。

（3）承台梁的箍筋计算时两个方向均贯通布置，需要选中不贯通的承台梁，修改承台梁钢筋业务属性"箍筋贯通布置"，属性值改为"否"（图4-22）。

注意：此属性为私有属性，需要选中箍筋不贯通的承台梁后进行修改。

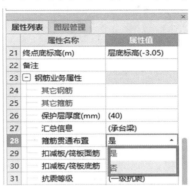

图4-22　承台梁属性修改

（4）承台梁的侧面钢筋长度按承台梁的长度 $+2 \times 15d$（目前版本），需要修改为环箍，环箍修改的思路与桩承台相同，只是箍筋的尺寸不同。

3. 这两种方式各有优缺点

（1）使用梁式配筋桩承台处理保持了基础构件的统一性，方便垫层等构件的布置，但新建两个梁式桩承台分别绘制，承台梁只要按截面信息新建构件，相同的截面信息只需"复制"即可，"直线"绘制。

（2）承台梁在上部钢筋或下部钢筋双层布置（用"/"表达，例如：8C18 4/4）时，会计算梁垫铁，如果不计算也可以修改"计算设置"的梁垫铁计算设置（图4-23），而梁式配筋桩承台不计算梁垫铁；如果单层布置，两种处理方法结果相同，根据实际情况选择。

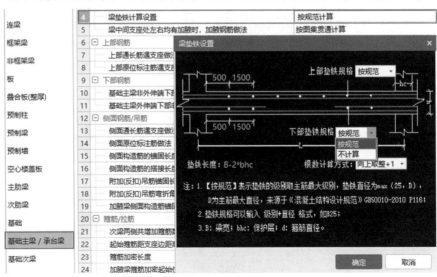

图4-23　承台梁垫铁计算

4.4 三桩承台

4.4.1 图纸分析

三桩承台下面为三根桩，1 号及 2 号受力筋为桩间钢筋，还有水平和垂直的分布钢筋，本工程中需要注意的是侧面增加竖向钢筋及水平环箍，如图 4-24 所示。

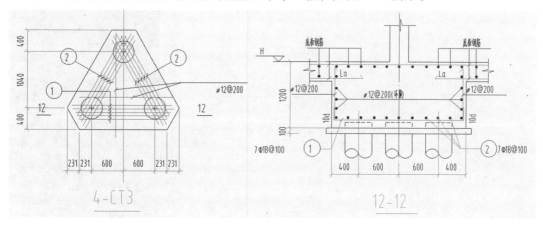

图 4-24 三桩承台配筋图（加粗为示意）

4.4.2 算法分析

1. 桩间钢筋

（1）根数计算：在平面图中一般会规定根数及间距，本工程 4-CT3 的桩间钢筋信息为 7C18@100。

（2）长度计算：根据平法规定（图 4-25），从承台边开始起算，根据间距计算相应长度，每根钢筋的长度均不相同，按平法图集桩间钢筋计算到承台边按深入桩的长度满足直锚则计算到承台边，否则需要伸到承台边弯折 10d。

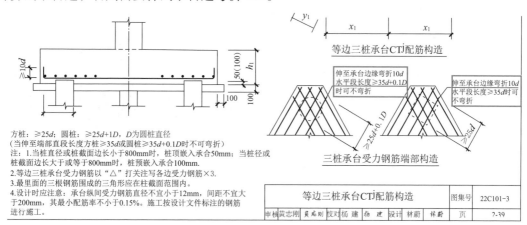

图 4-25 三桩承台桩间钢筋计算（图集 22G101—3 第 2-39 页）

2. 水平、垂直分布筋

从承台边按相应间距计算根数，从图纸大样图中可以看出分布筋计算到承台边弯折 10d，本案例的分布筋信息为 C12@200。

3．侧面竖向钢筋

本工程的图纸大样图中增加了侧面竖向钢筋，对于侧面竖向钢筋计算一般分为两种情况：

（1）侧面竖向钢筋信息与分布筋相同：侧面竖向钢筋与分布筋相同时，为了易于施工，结构受力合理，一般是将分布筋直接弯折，配筋如图 4-26 所示。

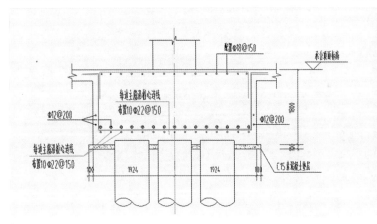

图 4-26　分布钢筋与侧面竖向钢筋信息相同

（2）侧面竖向钢筋信息与分布筋不同：当侧面竖向钢筋于分布筋钢筋信息不相同时，则分别布置（图 4-27），按大样图所示，分布筋弯折 10d，侧面钢筋从承台下部钢筋计算至承台顶。

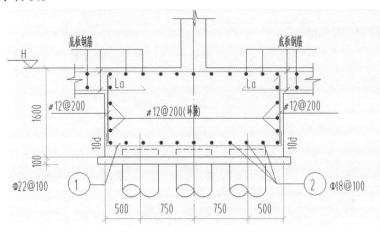

图 4-27　分布钢筋与侧面竖向钢筋信息不同

4．侧面环箍

侧面水平钢筋沿承台边计算长度，按承台高度计算根数。

4.4.3　软件处理

1.软件中设置了常用的三桩承台，可以采用前面讲解的思路图中的直接处理的思路，注意：

（1）大样图（图 4-24）中桩间钢筋的弯折为 10d。

（2）分布钢筋的弯折长度计算到承台顶扣减保护层 = 承台厚度 − 100 − 保护层（按大

样图计算）。

（3）处理流程为：新建桩承台→新建桩承台单元→选择三桩承台一→修改参数（图 4-28）→绘图 / 识别桩承台→汇总查量。

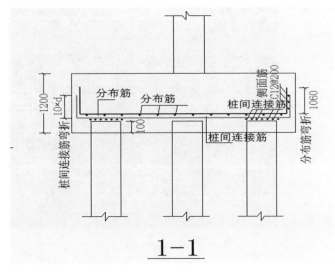

图 4-28   参数化桩承台——三桩承台

通过查看"编辑钢筋"，桩间钢筋、分布筋均按图纸计算，但侧面钢筋的根数只计算 1 根，软件根据桩间钢筋的弯折长度（10d）范围内布置侧面钢筋计算，计算结果为 1 根（图 4-29）。

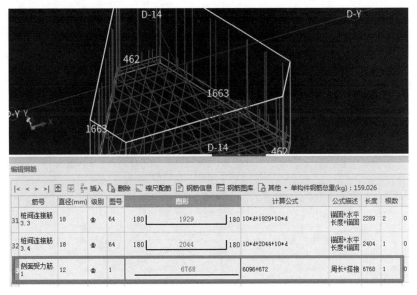

图 4-29   三桩承台计算结果—钢筋部分

针对本工程，侧面钢筋计算到承台顶。新建桩承台单元时，侧面钢筋的信息输入不按照默认的级别 + 钢筋直径 + 间距的方式进行输入，要按照根数 + 钢筋级别 + 钢筋直径的方式输入侧面钢筋；如果需要修改钢筋信息，直接点击三桩承台的单元属性框中的"参数图"（图 4-30），修改侧面钢筋信息，修改后重新汇总，侧面钢筋根数计算正确。

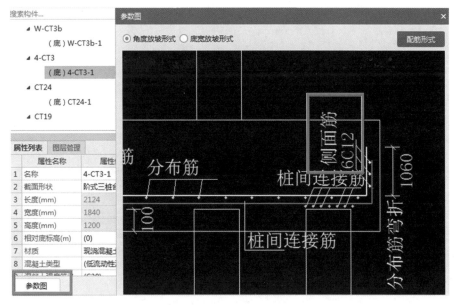

图 4-30　侧面钢筋信息输入

2. 如果侧面钢筋信息与分布筋不同，按照大样图，桩间钢筋及分布筋的弯折均为 10d，侧面竖向钢筋则放在"其他钢筋"或"自定义钢筋"功能处理：

（1）在"自定义钢筋"页面，新建面式自定义钢筋，修改钢筋信息包括名称、弯钩、端头等，如图 4-31 所示。

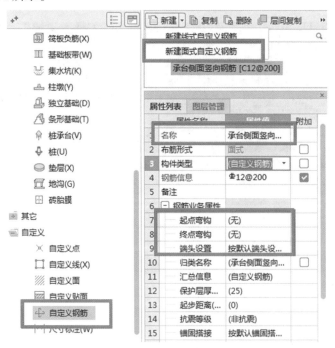

图 4-31　新建自定义钢筋

（2）点击"布置钢筋"，选择"按工作面"，"垂直"布置，在三维状态下，点击需要布置的承台侧面，布置侧面竖向钢筋，如图 4-32 所示。

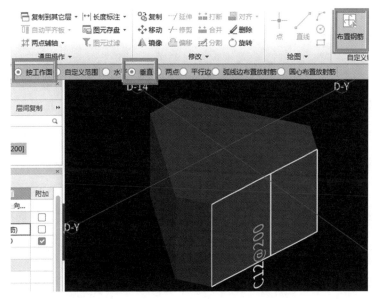

图 4-32　布置自定义钢筋

3. "其他钢筋"与"自定义钢筋"两种方法各有优缺点

（1）"其他钢筋"需要手算长度及根数，但"其他钢筋"属于公有属性，不用每个承台都修改，适用承台数量很多的工程。

（2）"自定义钢筋"不需要手算钢筋长度及根数，而且"自定义钢筋"支持钢筋三维，每个承台侧面都要设置钢筋，设置好一个承台后可以进行"复制"，适用于承台数量少的工程。

4.5　异形面式桩承台

4.5.1　图纸分析

异形面式承台的形状多样，面积较大，下部的桩按照一定规则进行排布，配筋形式一般多为板式配筋形式，除此之外本工程的侧面增加侧面垂直钢筋，侧面水平钢筋为环箍，三角部分增加桩间钢筋，如图 4-33 所示。

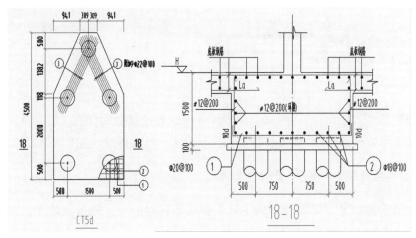

图 4-33　异形桩承台

4.5.2 算法分析

异形承台的横向和纵向受力筋的计算如三桩承台，按间距计算根数，按承台宽度/长度计算钢筋长度；侧面竖向钢筋和水平钢筋计算在三桩承台中也进行了具体说明；异形面式承台的钢筋处理需注意桩间钢筋的长度计算，桩间钢筋上端（顶角）做法与三桩承台相同，视深入桩内的长度判断弯直锚，但桩间钢筋的下端，有两种做法：

（1）计算到承台边进行弯折，这时桩间钢筋的长度计算较长。

（2）9根桩间钢筋深入下端桩内满足一定长度截断。

本工程大样图中更偏向于深入桩内一定长度的做法，最好与设计方确认。

4.5.3 软件处理

1. 横向纵向受力筋：异形承台的横向和纵向受力筋的计算相对比较简单，在承台单元属性框"参数图"中，按大样图输入钢筋信息、高度及弯折长度，本工程弯折长度为$10d$。

2. 桩间钢筋：

（1）桩间钢筋下端计算到承台边，则可采用"桩承台二次编辑"中"设置承台加强筋"功能。

（2）桩间钢筋下端深入桩内一定长度，则可采用钢筋业务属性中"其他钢筋"计算桩间钢筋。

3. 侧面钢筋：侧面钢筋的计算可参考三桩承台。

4. 防水板钢筋与承台的扣减：大样图中显示防水底板与承台相交的时候底板的上部钢筋连续贯通，下部钢筋锚入承台l_a。在软件中如何处理呢？

防水板使用筏板构件绘制，防水板钢筋使用"筏板主筋"处理，在桩承台（整体）属性中，"扣减板/筏板面筋"的属性值设置为"不扣减"，"扣减板/筏板底筋"的属性值设置为"全部扣减"，软件按照设置自动考虑扣减，如图4-34所示。

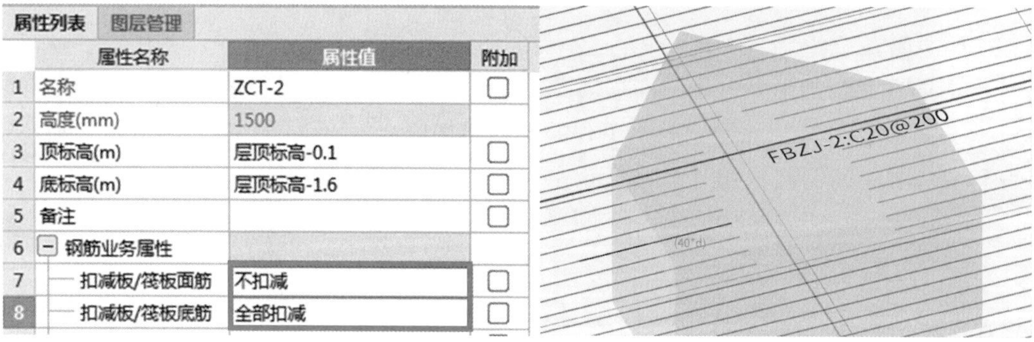

图4-34 桩承台与筏板基础钢筋扣减

防水板钢筋深入承台的长度（本工程为l_a）可以通过基础构件的"节点设置"，修改"筏形基础钢筋遇承台构造"，默认筏板钢筋深入承台l_a，与软件默认相同，不需要修改。

4.6 桩承台混凝土、模板、防水工程量

除了钢筋工程量外，需要计算的主要工程量还有混凝土、模板及防水，以三桩承台为例进行分析。

4.6.1　混凝土工程量

算法分析：计算桩承台体积时，根据《房屋建筑与装饰工程工程量计算规范》GB 50854—2013 的计算规则，桩头深入桩承台体积无须扣减，如图 4-35 所示。

010501003	独立基础	1. 混凝土种类 2. 混凝土强度等级	m³	按设计图示尺寸以体积计算。不扣除伸入承台基础的桩头所占体积	1. 模板及支撑制作、安装、拆除、堆放、运输及清理模内杂物、刷隔离剂等 2. 混凝土制作、运输、浇筑、振捣、养护
010501004	满堂基础				
010501005	桩承台基础				
		1. 混凝土种类			

图 4-35　《房屋建筑与装饰工程工程量计算规范》GB 50854—2013

三桩承台手算时可以将等边三桩承台扩展到一个等边三角形减去三个小的等边三角形进行计算，模板的计算可以使用三桩承台的周长乘以厚度得到，如图 4-36 所示。

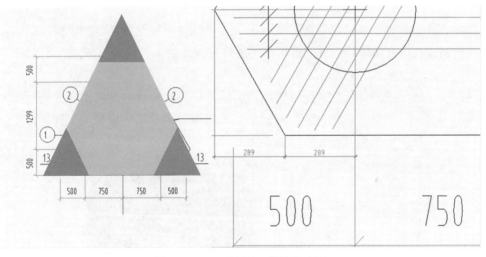

图 4-36　CT3a 混凝土、模板手算原理

软件处理：在 GTJ 软件中，建模后软件自动计算混凝土工程量及模板工程量，直接提取即可。

4.6.2　砖胎膜

当工程中使用砖胎膜时，软件可以新建"砖胎膜"构件按基础进行"智能布置"快算处理砖胎膜：新建线式砖胎膜（智能布置可以不修改标高）→"智能布置"→桩承台→框选所有桩承台构建→右键确定。如图 4-37 所示。

图 4-37　智能布置砖胎膜

除此之外，软件中可以修改砖胎膜标高，可以新建不同厚度的砖胎膜构件，通过"直线"等绘制方式进行砖胎膜构件的建模，灵活处理砖胎膜工程量的计算。

4.6.3　桩承台防水

基础在接触土壤的部位均需要计算防水，软件中没有相应基础防水构件进行绘制，但在查看桩承台工程量时，软件会输出底面面积、侧面面积及顶面面积的工程量，实际上防水面积就是这几个面积相加即可，如图 4-38 所示。

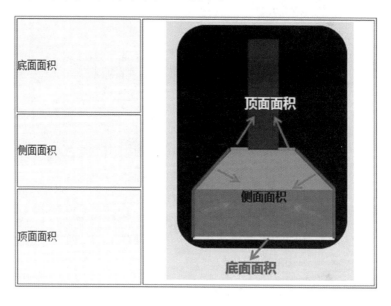

图 4-38　桩承台防水面积

小提示：软件右上角问号的"帮助文档"中，土建规则详解中可以通过图示的方式查看各个构件的工程量及工程量代码所代表的部位，清晰直观，帮助提量。

4.7　拓展部分

4.7.1　如何处理承台放坡?

承台放坡一般有两种处理方式,适用于不同情况的承台放坡:

(1)在新建参数化承台时软件提供了带角度的参数化承台(图4-39),适用于各边放坡角度均相同的情况。

(2)当实际工程中出现二级放坡、单边或多边放坡角度与其他边不同时,可以在承台绘制完成后,在"建模"界面"桩承台二次编辑"模块下,使用"设置承台放坡"功能(图4-40)处理:点击"设置承台放坡"→选择"所有边"(所有边放坡相同)/"多边"(针对选择的边设置角度)→选择对应的放坡方式→确定(多边时需要选择需要放坡的边)。

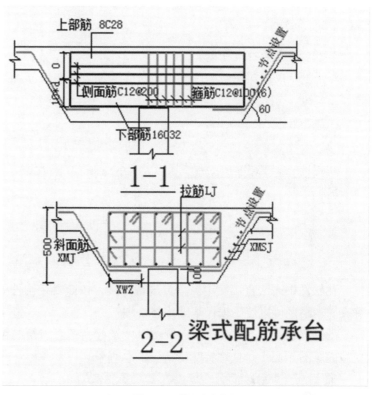

图4-39　桩承台参数图

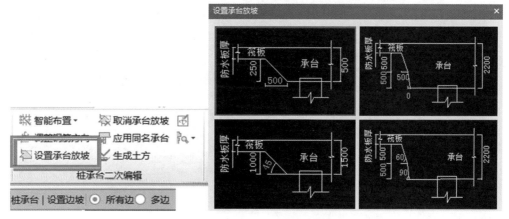

图4-40　设置承台放坡

设置承台放坡功能可以处理多级放坡、单边放坡等情况(图4-41),软件处理非常方便,并且出量精准。

图 4-41　承台放坡效果

4.7.2　高低承台如何处理?

对于复杂的板式配筋承台,比如高低承台（图 4-42）,应该如何处理?

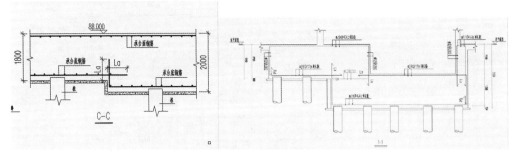

图 4-42　高低承台

在软件中无法直接使用桩承台进行处理,按照复杂构件处理流程,考虑使用构件代替解决。本案例可以使用筏板基础代替处理。

处理流程:新建筏板基础→调整厚度及标高信息→绘制筏板基础→布置受力筋→设置变截面（图 4-43）→处理特殊构造→汇总查量。

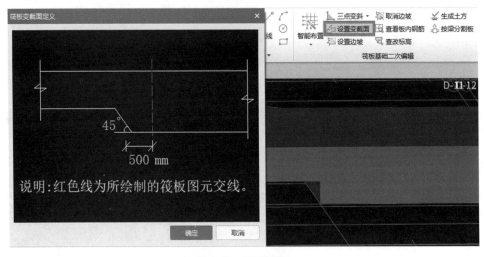

图 4-43　设置变截面

特殊构造:

（1）侧面钢筋:使用筏板属性中侧面钢筋处理,如果遇到水平环箍,处理方式参照矩形梁式承台。

（2）侧面竖向钢筋:使用筏板属性中 U 形构造封边钢筋处理（只在筏板边计算）,如

图 4-44 所示。

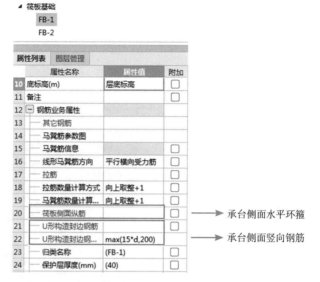

图 4-44　筏板代替桩承台

4.7.3　如何处理桩承台多层配筋?

当桩承台高度很高时,会在中间层配置钢筋网,出现多层配筋。软件处理时,在桩承台定义界面,新建桩承台及桩承台单元,一个桩承台可以由一个或多个桩承台单元组成。对于多层配筋,可以在一个桩承台下方新建多个桩承台单元,修改桩承台单元的厚度及相关属性后绘制即可(图 4-45)。

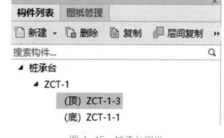

图 4-45　桩承台定义

4.7.4　桩承台遇基础联系梁时钢筋锚固设置

在图集 22G 103—1 第 2-49 页基础联系梁的构造中(图 4-46),基础联系梁钢筋一般是锚入基础内的柱子,但是实际工程中也存在锚入基础,或者贯通布置的情况,在软件中如何根据实际情况进行调整?

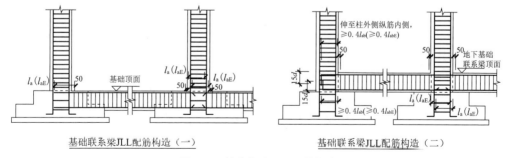

图 4-46　基础联系梁 JLL 配筋构造

1.基础联系梁是连接基础构件,防止基础构件不均匀沉降起联系作用的梁,不同于基础梁:基础梁是基础构件,受地基反力,负筋的原位标注在下方;基础联系梁受力情况与地上梁类似,所以负筋的原位标注在上方。

2. 软件中，基础联系梁构件在"梁"构件下进行新建，并需要修改梁"结构类别"属性为"基础联系梁"。对于梁遇承台的不同情况，软件提供了"设置纵筋遇承台"的功能，可以按照实际需要进行调整（图 4-47）。

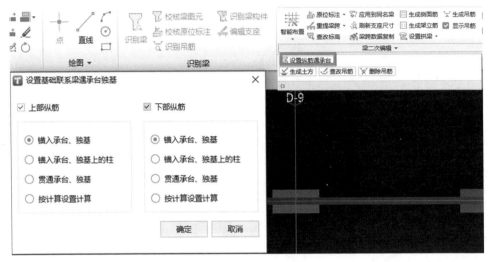

图 4-47 设置纵筋遇承台

4.7.5 承台中有集水坑如何处理？

在实际工程中，有时会出现集水坑布置在承台上的情况。这种情况下，可以直接将集水坑"点"画布置在桩承台上。

4.8 案例总结

本章对于案例工程中每种承台的钢筋、混凝土等工程量的计算都进行了详细的说明，除此之外，对于这种承台数量很多的工程承台绘制给出几点建议：

（1）先处理非异形的桩承台，新建时的承台名称必须和 CAD 中桩承台的名称一致，这点很重要，直接影响识别的效率，修改好承台的标高、尺寸参数及钢筋参数等。

（2）通过识别的方式快速完成桩承台的绘制，识别承台时，软件会自动匹配已经新建好的承台的属性；没有新建的承台，软件会按照平面图中的承台边线（闭合）及承台名称自动生成，但标高和高度及配筋信息都是按软件默认生成，需要进行修改，注意属性值是公有属性（蓝色）还是私有属性（黑色），公有属性在属性框中直接修改即可，但私有属性必须选中构件再修改才有效。

（3）如果不想单独修改，也可以在识别后，通过"批量选择"，将所有需要修改的承台构件删除，在属性列表中修改好属性后，再次识别（已经提取过边线和标识，不必再次提取，只需要操作自动识别即可）。

以上是桩承台案例篇所有的处理思路和识别思路，在工程量的处理上，均遵循了复杂构件处理思路图，首先需要分析图纸，了解需要重点关注的地方；其次算法分析需要清除本构件的手算思路，这是保障工程量准确、进行构件后期处理的标准；最后在软件中按照思路图中相应方法进行处理，快速准确算量。

第5章 筏板案例解析

本工程为住宅楼项目，地上 16 层，地下 1 层。建筑高度 48.45m，室内外高差 450mm。工程结构类型为剪力墙结构，采用梁板式筏形基础，建筑面积约 10645.08m²。此工程涵盖了实际工程常见的筏板变截面、附加钢筋、封边构造及筏板放射筋等多种情况。如图 5-1 所示。

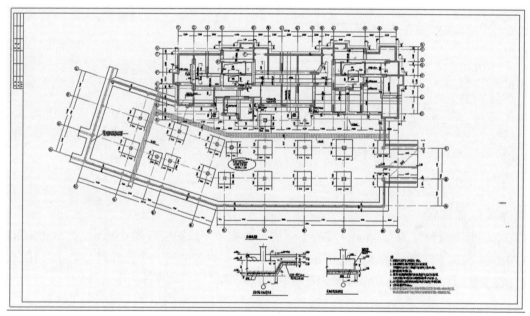

（a）

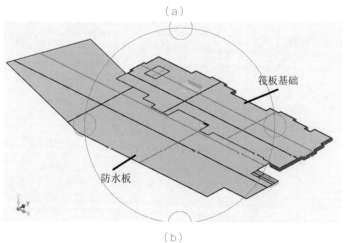

（b）

图 5-1 住宅楼基础施工图

本章着重讲解案例工程中筏板钢筋、筏板混凝土、模板和防水工程量计算。主要内容如图 5-2 所示。

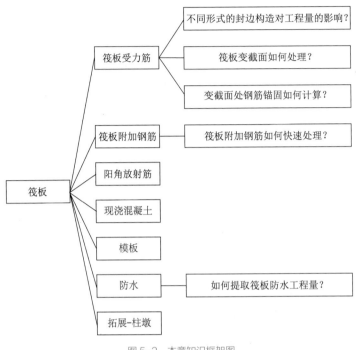

图 5-2　本章知识框架图

5.1　筏板受力筋

5.1.1　图纸分析

本工程筏板厚度为 600mm，混凝土强度等级 C30，保护层厚度 45mm，受力筋为双网双向 C16@200；与筏板基础相交处有厚度为 250mm 的防水板，筏板基础与防水板相交位置存在变截面，除此之外还需要考虑筏板基础的端部构造，如图 5-3 所示。

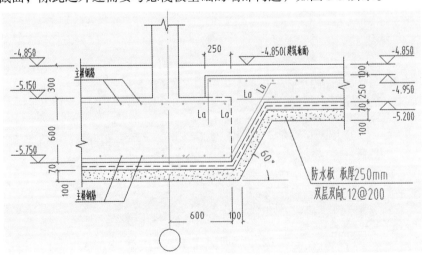

（a）筏板变截面部位做法

图 5-3　筏板构造详图

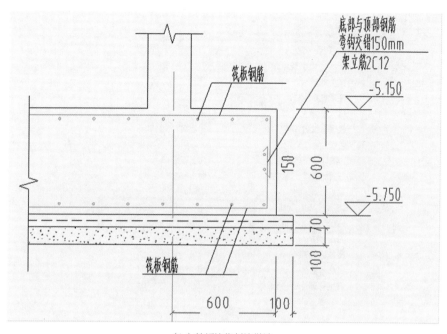

（b）筏板边缘封边做法

图 5-3　筏板构造详图（续）

5.1.2　算法分析—封边弯折

在平法图集 22G101—3 中筏板边缘侧面封边构造有两种方式，如图 5-4 所示。

1. 图 5-4（a）为 U 形筋构造封边方式，此种做法需要计算 U 形构造封边筋，筏板受力筋弯折长度为 12d。筏板受力筋长度 =12d+ 净长 −2× 保护层 +12d。

2. 图 5-4（b）为纵筋弯钩交错封边方式，此种做法只需要计算受力筋即可。底筋与面筋交错搭接的长度为 150mm。筏板受力筋长度 =（筏板厚度 /2+75mm）+ 净长 −2× 保护层 +（筏板厚度 /2+75mm）。

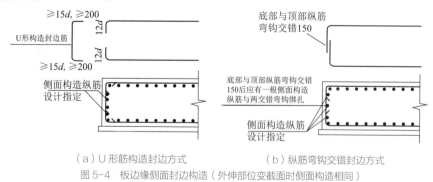

（a）U 形筋构造封边方式　　　　　　　（b）纵筋弯钩交错封边方式

图 5-4　板边缘侧面封边构造（外伸部位变截面时侧面构造相同）

5.1.3　软件处理—封边弯折

1. 软件中筏板构件"钢筋业务属性"中有"U 形构造封边钢筋"和"U 形构造封边钢筋弯折长度"两个属性（图 5-5），根据工程实际情况考虑是否输入：若实际工程中为图 5-4（a）U 形筋构造封边方式，则输入此属性；若实际工程中为图 5-4（b）纵筋弯钩交错封边方式，则不需要输入此属性。此工程采用的纵筋弯钩交错封边方式，即可以不输入"U 形构造封边钢筋"。

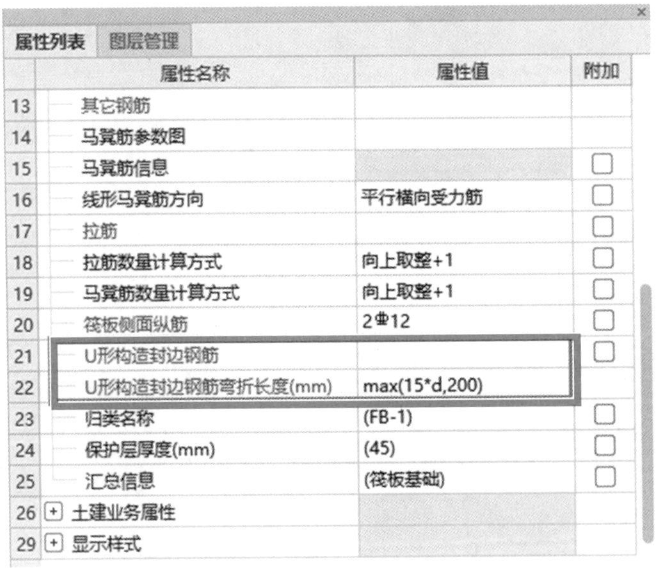

图 5-5　筏板基础属性定义

2. 软件中受力筋的弯折长度是多少呢？可以查看"钢筋设置"中的"节点设置"关于筏形基础端部外伸上 / 下部钢筋构造，如图 5-6 所示。

图 5-6　筏板基础端部外伸钢筋默认构造节点 1

3. 默认的"节点设置"中筏板基础端部外伸上下部受力筋弯折长度为 $12d$，由于本工程采用的是纵筋弯钩交错封边方式，故将筏形基础端部外伸上 / 下部钢筋构造的"节点 1"调整为"节点 2"，如图 5-7 所示。

4. "汇总计算"后查看受力筋工程量。详细计算结果可以在"编辑钢筋"中查看，结合"计算公式"及"公式描述"可判断软件计算结果与手算思路一致。软件依据"计算设置"自动计算。如图 5-8 所示。

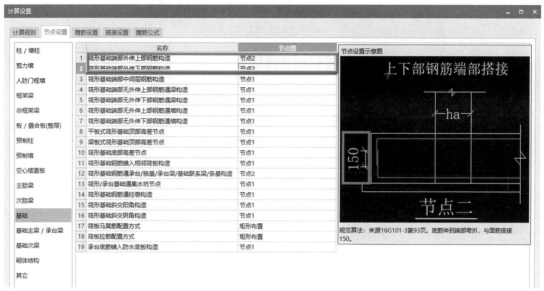

图 5-7　筏板基础端部外伸钢筋构造节点 2

	筋号	直径(mm)	级别	图号	图形	计算公式	公式描述	长度	根数
1	筏板受力筋.1	16	⏀	64	335 3220 335	3300-40+(600-40-40)/2+150/2-40+(600-40-40)/2+150/2	净长-保护层+弯折-保护层+弯折	3890	3
2	筏板受力筋.2	16	⏀	64	335 12320 335	12400-40+(600-40-40)/2+150/2-40+(600-40-40)/2+150/2	净长-保护层+弯折-保护层+弯折	12990	3
3	筏板受力筋.3	16	⏀	64	335 15320 335	15400-40+(600-40-40)/2+150/2-40+(600-40-40)/2+150/2	净长-保护层+弯折-保护层+弯折	15990	9
4	筏板受力筋.4	16	⏀	621	335 15337 831 318 60	15377+589-40+(600-40-40)/2+150/2+35*d	净长+斜长-保护层+弯折+锚固	16821	11
5	筏板受力筋.5	16	⏀	621	335 15037 832 32 60	15077+304-40+(600-40-40)/2+150/2+35*d	净长+斜长-保护层+弯折+锚固	16236	1

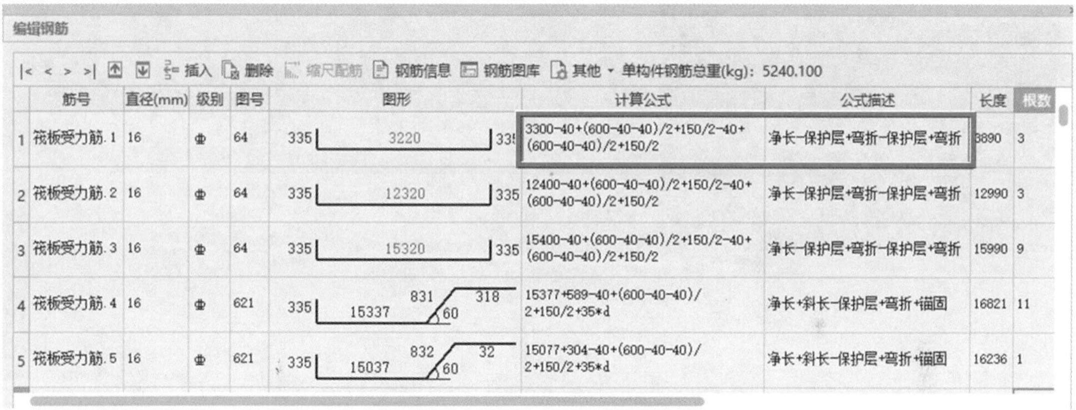

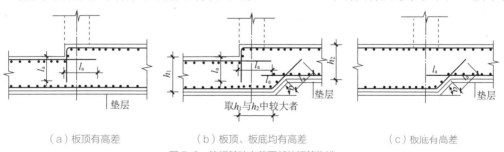

图 5-8　受力筋计算公式

5.1.4　算法分析—变截面锚固

与防水板相交处变截面的锚固计算在图集 22G101—3 中有具体要求，如图 5-9 所示。

（a）板顶有高差　　（b）板顶、板底均有高差　　（c）板底有高差

图 5-9　筏板基础变截面部位钢筋构造

筏板变截面处受力筋长度 = 弯折 + 净长 – 保护层 + 斜长 + 锚固。

在图集 22G101—3 中筏板基础变截面部位构造有三种方式。

1.（a）适用于顶板有高差时，下部钢筋连续通过，上部钢筋在变截面处断开锚入 l_a。

2.（b）适用于板顶、板底均有高差的情况，上下部钢筋都需要在变截面处断开锚入 l_a，在计算长度时需要考虑放坡角度来计算斜面处的长度。

3.（c）适用于板底有高差的情况，上部钢筋连续通过，下部钢筋在变截面处断开锚入 l_a，同样需要考虑放坡角度来计算斜面处的长度。

5.1.5 软件处理—变截面锚固

1. 软件中防水板使用筏板基础来代替绘制，首先依据图纸绘制筏板基础和防水板的范围（筏板及防水板整体范围），绘制完成后，通过"分割"方式区分筏板及防水板，选中防水板构件再修改名称、厚度、标高等信息（"设置变截面"前提是两块筏板必须相邻）。

2. 使用软件中"设置变截面"功能，选择两块相邻筏板，依据图纸设置两块筏板相交处的出边宽度和放坡角度，如图 5-10 所示。

3."设置变截面"后相交处变截面如图 5-11 所示。

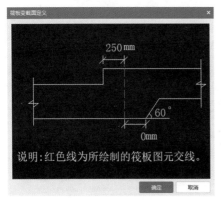

图 5-10　设置筏板变截面

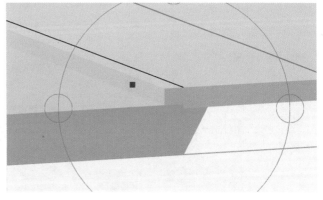

图 5-11　设置完成后效果图

4."汇总计算"即可查看受力筋工程量：点击"编辑钢筋"，根据"计算公式"及"公式描述"查看受力筋计算结果，软件计算与手工计算的思路及结果是一致的，如图 5-12 所示。

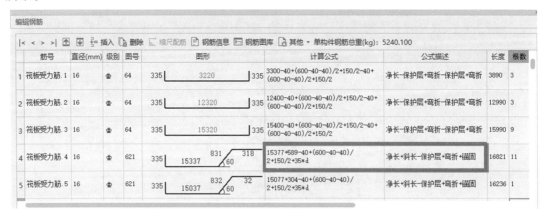

图 5-12　变截面处受力筋计算公式

5.2 筏板附加钢筋

实际工程的筏板基础经常会为了防止应力集中而设置筏板附加钢筋（图 5-13）。计算附加钢筋时只需确定钢筋长度及根数。在软件中可以采用筏板主筋（底筋/面筋）或者"表格输入"处理。

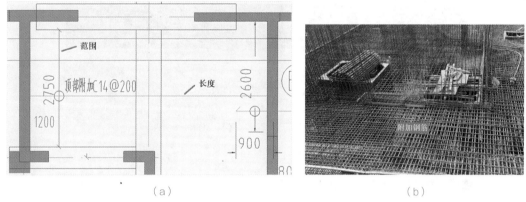

（a） （b）

图 5-13 筏板顶部附加钢筋

1.筏板主筋处理：

（1）绘制流程："新建"底筋/面筋（视附加钢筋的位置确定）→"布置受力筋"→选择"自定义"范围→选择"水平"方向→按图纸所示范围采用"直线"绘制→确定。如图 5-14 所示。

图 5-14 筏板附加钢筋绘制

（2）汇总后查看钢筋结果，筏板主筋锚入相邻筏板 l_a，计算结果按照绘制范围再加上两个锚固值 l_a，如图 5-15 所示。

（3）软件"节点设置"中"筏形基础钢筋锚入相邻筏板构造"默认为伸入相邻筏板 l_a，弯折为 0（图 5-16），按照实际调整。本案例中将此附加钢筋的锚固值调整为"0"，"汇总计算"后查看"编辑钢筋"，筏板基础受力筋按绘制范围计算长度，如图 5-17 所示。

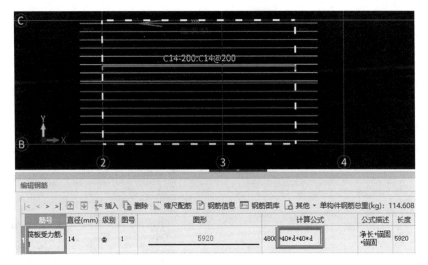

图 5-15 附加钢筋计算结果

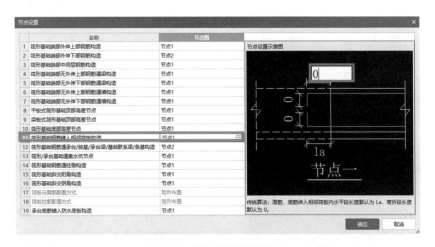

图 5-16 筏板附加钢筋锚固节点

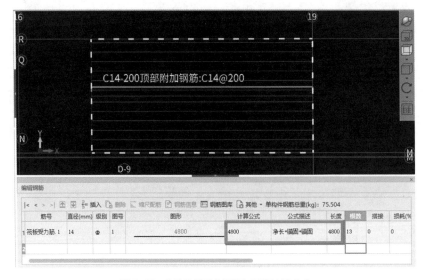

图 5-17 修改设置后筏板附加钢筋计算公式

2. 表格输入处理：附加钢筋数量不多时通过"表格输入"方式处理："表格输入"→添加"构件"→输入钢筋直径级别→选择图号→输入长度和根数→点击确定。

5.3　阳角放射筋

5.3.1　图纸分析

在板式构件的阳角处为了防止混凝土开裂，常会设置放射筋。如本工程筏板基础在外阳角处均设置阳角筋 7C16，长度为 2000mm。如图 5-18 所示。

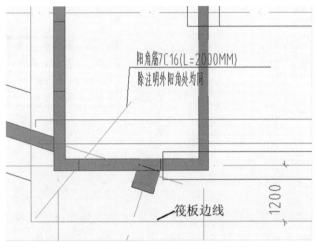

图 5-18　筏板阳角放射筋

5.3.2　软件处理

1. 此工程的放射筋长度及根数已经给出，可以直接使用"表格输入"来进行处理。

2. 使用"自定义钢筋"来绘制：点击"自定义钢筋"→"新建"线式自定义钢筋→输入钢筋根数及钢筋直径→修改弯钩及端头设置→绘制：点加长度，输入长度 2000 →捕捉板角点绘制完成。如图 5-19 所示。

图 5-19　自定义钢筋

5.4 现浇混凝土

5.4.1 算法分析

本工程筏板基础现浇混凝土工程量计算时按照《房屋建筑与装饰工程工程量计算规范》GB 50854—2013 以体积计算。如图 5-20 所示。

项目编码	项目名称	项目特征	计量单位	工程量计算规则	工作内容
010501001	垫层	1.混凝土类别 2.混凝土强度等级	m³	按设计图示尺寸以体积计算。不扣除构件内钢筋、预埋铁件和伸入承台基础的桩头所占体积	1.模板及支撑制作、安装、拆除、堆放、运输及清理模内杂物、刷隔离剂等 2.混凝土制作、运输、浇筑、振捣、养护
010501002	带形基础				
010501003	独立基础				
010501004	满堂基础				
010501005	桩承台基础				
010501006	设备基础	1.混凝土类别 2.混凝土强度等级 3.灌浆材料、灌浆材料强度等级			

图 5-20 《房屋建筑与装饰工程工程量计算规范》GB 50854—2013 满堂基础现浇混凝土工程量计算规则

5.4.2 软件处理

本工程中的筏板基础现浇混凝土计算时需要根据变截面计算体积。软件通过"设置变截面"功能直接处理，操作方式同 5.1.5 小节中相同，故不再赘述。

5.5 模板

5.5.1 算法分析

本工程筏板基础模板工程量计算时按照《房屋建筑与装饰工程工程量计算规范》GB 50854—2013 以接触面积计算（图 5-21），但需注意的是如果筏板基础有边坡（图 5-22），斜面是否需要支模需要考虑实际施工情况综合判断。

项目编码	项目名称	项目特征	计量单位	工程计算规则	工作内容
011703001	垫层	基础形状	m³	按模板与现浇混凝土构件的接触面积计算。①现浇钢筋混凝土墙、板单孔面积≤0.3m²的孔洞不予扣除，洞侧壁模板亦不增加；单孔面积>0.3m²时应予扣除，洞侧壁模板面积并入墙、板工程量内计算	1.模板制作 2.模板安装、拆除、整理堆放及场内外运输 3.清理模板粘结物及模内杂物、刷隔离剂等
011703002	带形基础				
01 1703003	独立基础				
01 1703004	满堂基础				
01 1703005	设备基础				
01 1703006	桩承台基础				
01 1703007	矩形柱	柱截面尺寸			
01 1703008	构造柱				
01 1703009	异形柱	柱截面形状、尺寸			

图 5-21 《房屋建筑与装饰工程工程量计算规范》GB 50854—2013 满堂基础混凝土模板工程量计算规则

项目编码	项目名称	项目特征	计量单位	工程计算规则	工作内容
01 1703010	基础梁	梁截面	m^2	②现浇框架分别按梁、板、柱有关规定计算：附墙柱、暗梁、暗柱并入墙内工程量内计算。 ③柱、梁、墙、板相互连接的重叠部分，均不计算模板面积。 ④构造柱按图示外露部分计算模板面积。 柱有关规定计算：附墙柱、暗梁、暗柱并入墙内工程量内计算	1. 模板制作 2. 模板安装、拆除、整理堆放及场内外运输 3. 清理模板粘结物及模内杂物、刷隔离剂等
01 1703011	矩形梁				
01 1703012	异形梁				
01 1703013	圈梁				
01 1703014	过梁				
01 1703015	弧形、拱形梁				

图 5-21 《房屋建筑与装饰工程工程量计算规范》GB 50854—2013 满堂基础混凝土模板工程量计算规则（续）

图 5-22　筏板基础边坡

5.5.2　软件处理

软件中考虑了实际施工情况，侧面支模条件默认为45°（图5-23），可以根据实际工程情况调整。基础构件侧面支模条件，是指基础侧面如果为斜面时，与水平的夹角大于设置值时则计算模板面积；如果小于设置值则不计算模板面积。其他基础构件同理。

图 5-23　筏板基础侧面支模条件

5.6　基础防水

筏板基础还需要计算防水工程量，软件中防水工程量不需要建立模型，直接根据防水所在的部位提取工程量代码即可。软件中筏板基础的面积有很多，只要掌握软件代码即可轻松提取防水工程量。如图 5-24 所示。

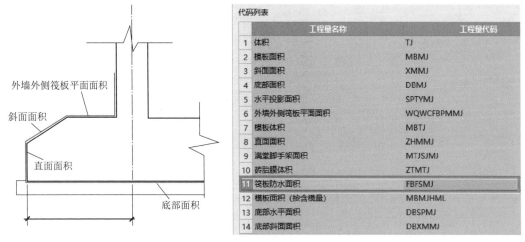

图 5-24　筏板基础防水

筏板防水面积 = 底部面积 + 直面面积 + 斜面面积 + 外墙外侧筏板平面面积。

注："外墙外侧筏板平面面积"需要与筏板基础相连的外墙封闭才能够正确判断计算，如遇地下车库外墙无法封闭的情况，可以使用虚外墙将外墙封闭，即可正确计算"外墙外侧筏板平面面积"。

提取工程量的时候可以直接使用"筏板防水面积"。但需要注意的是，筏板基础会与其他筏板、集水坑、独基、条基、基础梁、桩承台、柱墩等其他基础构件相交，其他基础构件底面凸出筏板基础底面，则需要清楚"底部面积"是否有包含其他基础构件的底面积才能正确提量。在软件的默认计算规则下（图 5-25），底部面积与各个基础构件的扣减规则如表 5-1 所示。

图 5-25　筏板基础底部面积默认清单计算规则

筏板基础底部面积与基础构件扣减规则一览表	表5-1
底部面积与筏板扣减	底部面积扣除与筏板相交部分的面积
底部面积与独基扣减	底部面积扣除与独基相交部分的面积
底部面积与桩承台扣减	底部面积扣除与桩承台相交部分的面积
底部面积与集水坑扣减	底部面积扣除与集水坑相交部分的面积
底部面积与基础梁扣减	底部面积扣除与基础梁相交部分的面积，增加基础梁凸出筏板部分底部面积
底部面积与柱墩扣减	无影响
底部面积与地沟扣减	底部面积扣除与地沟相交部分的面积，增加地沟凸出筏板部分底部面积
底部面积与后浇带扣减	底部面积扣除与后浇带相交部分的面积，增加后浇带凸出筏板部分底部面积
底部面积与条基扣减	扣除与条基相交底部面积

在默认计算规则的情况下，"底部面积"扣减了与其他筏板、独基、桩承台、集水坑、条基所相交的面积，这些基础构件还需提取防水工程量；"底部面积"包含了基础梁、地沟、后浇带凸出筏板底部的面积，不需要重复提取工程量。

注：各地计算规则会有所不同，请结合软件中"计算规则"查看，灵活处理。

5.7　拓展：筏板钢筋遇到柱墩扣减如何处理？

5.7.1　图纸分析

当筏板基础遇到柱墩时，需要考虑柱墩与筏板基础的扣减（图5-26）。筏板上下纵筋是断开锚固还是连续通过对筏板基础的钢筋工程量影响较大，所以本案例着重为大家分析筏板上下部纵筋遇到柱墩如何扣减。

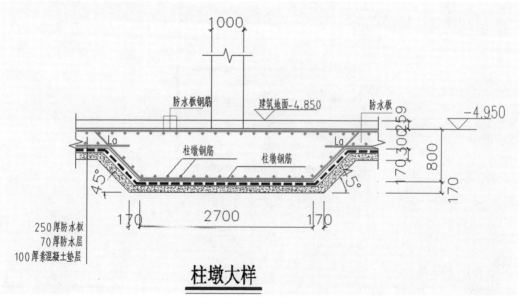

图5-26　筏板与柱墩大样

5.7.2　算法分析

与柱墩相交部分的纵筋计算在图集 22G101—3 中有具体要求，如图 5-27 所示。

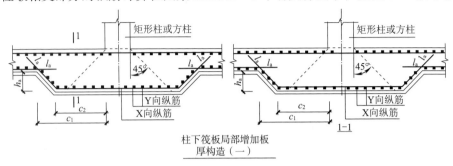

柱下筏板局部增加板
厚构造（一）

图 5-27　筏板基础下柱墩

平法中筏板基础与下柱墩相交时，筏板的上部纵筋连续通过，下部纵筋锚入柱墩 l_a。现场施工时会考虑此柱墩的宽度，当柱墩宽度 $\leq 2l_a$ 的时候，下部纵筋能通则通；当柱墩宽度 $> 2l_a$ 的时候，下部纵筋断开锚固 l_a 如图 5-27 所示。

5.7.3　软件处理

软件中柱墩构件"属性"中"钢筋业务属性"中"扣减板 / 筏板面筋"和"扣减板 / 筏板底筋"是否扣减，可以根据实际情况调整，如图 5-28 所示。

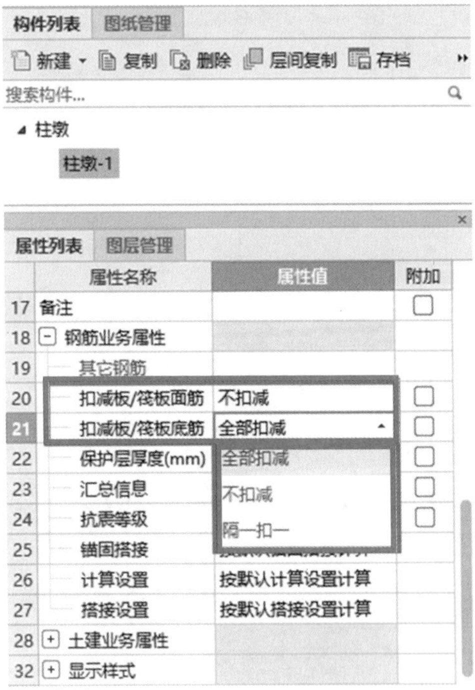

图 5-28　定义柱墩钢筋业务属性

5.7.4　结果呈现

调整为"不扣减"即表示筏板钢筋会连续通过；调整为"全部扣减"表示筏板钢筋断开锚固；调整为"隔一扣一"表示筏板钢筋一根连续通过，一根钢筋断开锚固，交错布置。如图 5-29 所示。

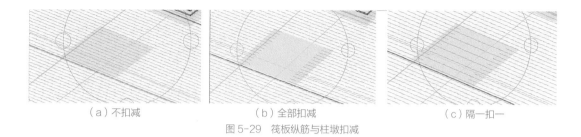

（a）不扣减　　　　　　　（b）全部扣减　　　　　　　（c）隔一扣一

图5-29　筏板纵筋与柱墩扣减

5.8　案例总结

本案例中详细解析了筏板基础的钢筋、混凝土、模板及防水工程量的处理：

（1）筏板钢筋需要的封边构造可以通过"节点设置"进行调整。

（2）遇到变截面时使用软件的"设置变截面"功能处理，软件会自动根据平法的构造计算锚固长度。

（3）计算筏板基础的防水工程量，掌握软件中"代码"含义即可轻松提量。

（4）实际工程中基础结构复杂多样，出现很多非标准设计。计算工程量时需要深度分析图纸，结合实际施工工艺、平法及规范综合判断计算。

（5）软件处理时，首先确定是否有同类或类似构件直接处理，若不能直接处理，则需要灵活运用构件替代、节点设置、编辑钢筋、表格输入和工程量代码等方法，精准快速地计算工程量。

第6章　集水坑案例解析

本工程为住宅楼项目，地上16层，地下1层。建筑高度48.45m，室内外高差450mm。工程结构形式为剪力墙结构，采用梁板式筏形基础，建筑面积约10645.08m²。

此工程设计多个集水坑、电梯井（图6-1），涵盖了实际工程常见的单坑、坑连坑、不同边放坡角度不同、筏板相交处钢筋锚固和集水坑盖板等多种情况。本章着重讲解此工程中遇到的集水坑钢筋、混凝土、模板和防水工程量的计算。

图6-1　集水坑

如何能够准确定义集水坑属性、灵活利用替代构件变通处理计算工程量和看懂软件计算式，将是本章着重讲解的内容，如图6-2所示。

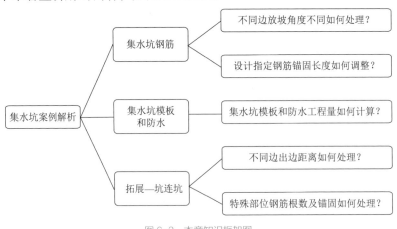

图6-2　本章知识框架图

6.1　集水坑钢筋

6.1.1　图纸分析

本工程集水坑存在各边放坡不同、与筏板相交处无坑壁水平筋的情况，集水坑顶部还需计算集水坑盖板工程量；由于集水坑坑壁不同侧高度不同，还需计算盖板的支撑。如图 6-3 所示。

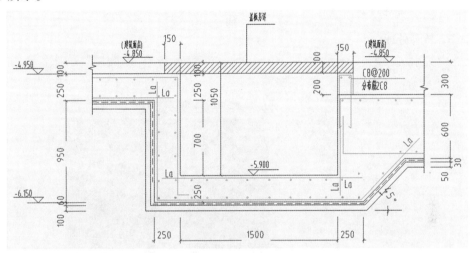

（a）集水坑大样

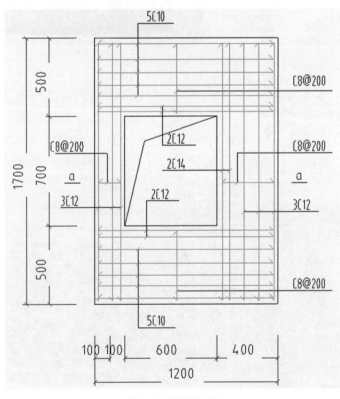

（b）集水坑盖板大样

图 6-3　集水坑详图

6.1.2 算法分析

（1）集水坑坑底钢筋长度＝锚固＋垂直长度＋水平长度＋斜长＋锚固。

（2）集水坑各坑壁/坑底钢筋的锚固长度为 l_a，两侧的放坡角度不同。

集水坑坑壁钢筋长度＝锚固＋坑壁净长＋锚固。注意右侧集水坑与筏板相交处没有布置坑壁水平筋。

（3）盖板厚度 100mm，配筋详见图 6-3（b）。右侧筏板基础的高度低于左侧筏200mm，右侧需要设置盖板的支撑，支撑的钢筋详见图 6-3（a）。

6.1.3 软件处理

软件中集水坑"属性"参数较多。集水坑各个属性可参考"参数图"分别输入，如图 6-4所示。

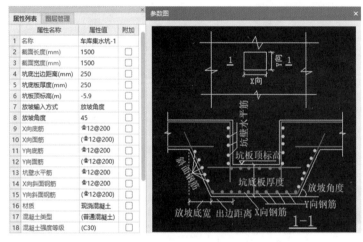

图 6-4 集水坑属性参数图

（1）属性中"放坡角度"按照 45° 设置，绘制后集水坑各边放坡均为 45° ，工程中左侧不放坡，角度为 90° ，可以通过集水坑二次编辑中的"调整放坡"功能调整指定边的放坡角度。操作步骤为：选中需要调整的集水坑→点击"调整放坡"→选择需要调整的边→右键确定→将默认 45° 调整为图纸中的 90° →单击"确定"。如图 6-5 所示。

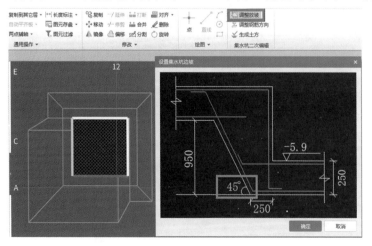

图 6-5 调整放坡

调整放坡后的三维效果如图 6-6 所示。

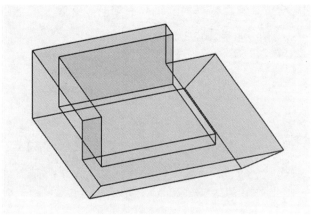

图 6-6　集水坑三维模型

（2）"汇总计算"即可查看该图元的工程量。结合"钢筋三维"和"编辑钢筋"检查集水坑坑底钢筋，钢筋计算结果与手算思路一致，如图 6-7 所示。

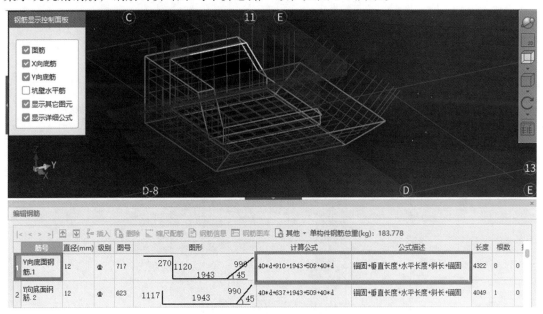

图 6-7　集水坑坑底钢筋

（3）剖面图中集水坑右侧不计算坑壁水平筋，通过"钢筋三维"和"编辑钢筋"查看钢筋计算结果，X 方向和 Y 方向的坑壁水平钢筋都按照两侧共 8 根计算。本工程中只需计算一侧即可。软件中可直接修改"编辑钢筋"中坑壁水平筋根数为"4"根，点击"通用操作"中的"锁定"功能可以将选定图元的"编辑钢筋"的信息锁定，如图 6 8 所示。

注意：修改"编辑钢筋"钢筋计算结果，必须"锁定"构件，否则重新汇总，钢筋结果恢复到修改之前。

（4）考虑到需要计算集水坑盖板混凝土工程量，建议使用现浇板绘制盖板，再用"板洞"处理洞口部分，盖板钢筋计算使用板"受力筋"处理。如图 6-9 所示。

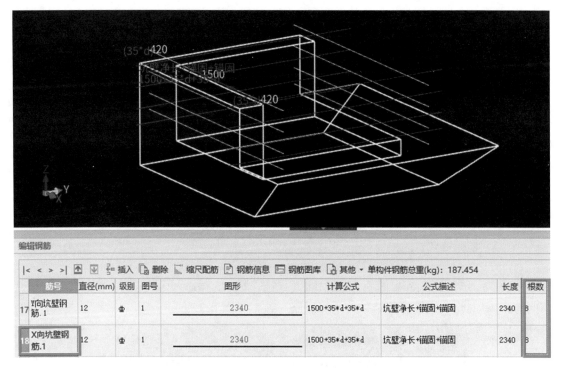

筋号	直径(mm)	级别	图号	图形	计算公式	公式描述	长度	根数
17	Y向坑壁钢筋.1	12	Φ	1	2340	1500+35*d+35*d	坑壁净长+锚固+锚固	2340	8
18	X向坑壁钢筋.1	12	Φ	1	2340	1500+35*d+35*d	坑壁净长+锚固+锚固	2340	8

图6-8　坑壁水平钢筋计算式

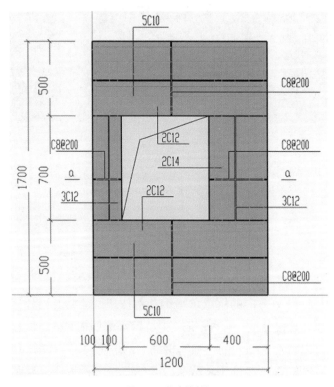

图6-9　集水坑盖板

（5）集水坑盖板的支撑为线式构件，建议使用"栏板"构件替代处理。根据支撑的截面新建矩形或异形栏板，通过"截面编辑"布置钢筋。如图6-10所示。

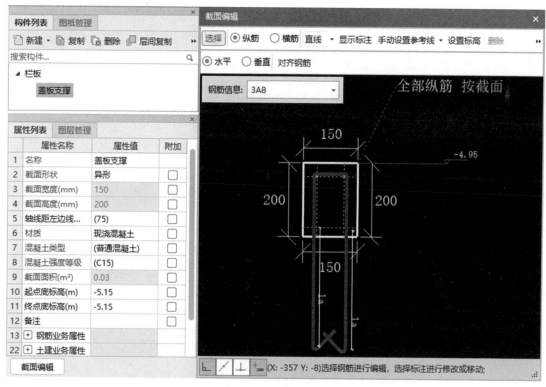

图6-10 盖板支撑

6.2 集水坑模板和防水

集水坑模板与防水的工程量计算与筏板基础原理相同。掌握软件"工程量代码"的含义即可轻松提取模板和防水的工程量。集水坑各类"工程量代码"的含义如图6-11所示。

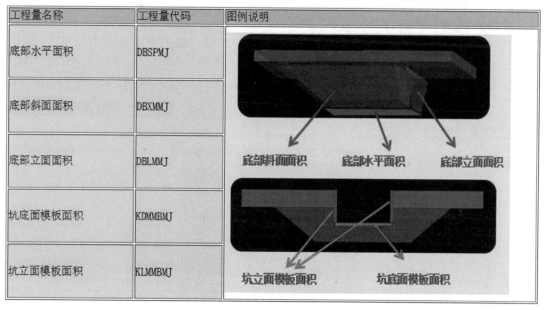

工程量名称	工程量代码	图例说明
底部水平面积	DBSPMJ	
底部斜面面积	DBXMMJ	
底部立面面积	DBLMMJ	
坑底面模板面积	KDMMBMJ	
坑立面模板面积	KLMMBMJ	

图6-11 集水坑工程量代码

集水坑底部防水面积＝底部斜面面积＋底部水平面积＋底部立面面积。

集水坑坑内防水面积＝坑立面模板面积＋坑底面模板面积。

注：软件右上角"？"中"帮助文档"的"土建规则详解"提供各个构件的工程量代码示意图，帮助理解，快速提量。

6.3 拓展：坑连坑如何处理？

6.3.1 图纸分析

在实际工程中有时会遇到电梯井与集水坑相连，出现较复杂的"坑连坑"情况，在本案例中集水坑与电梯井相连，坑底标高不同，集水坑的坑底左右出边距离也不一致，另外最右侧的墙纵筋是伸入到集水坑底部弯折的。如图6-12所示。

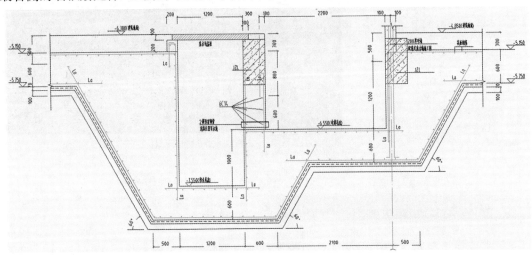

图6-12 坑连坑详图

6.3.2 软件处理

1. 本案例的集水坑和电梯井都可以使用软件中的"集水坑"构件来进行处理，"定义"时坑底标高根据图纸调整。

2. 集水坑三侧的出边距离为500mm，与电梯井相交的边出边距离为600mm。"定义"集水坑出边距离属性设置为500mm，绘制构件后通过"调整放坡"修改出边距离：选中集水坑→单击"调整放坡"→选择需要调整的边→设置出边为600mm即可。如图6-13所示。

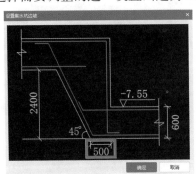

图6-13 调整出边距离

3. 若图纸中集水坑钢筋的锚固长度为设计指定值，可以调整"节点设置"中筏板 / 承台基础遇集水坑节点，节点大样中的绿色数值均支持手动修改。如图 6-14 所示。

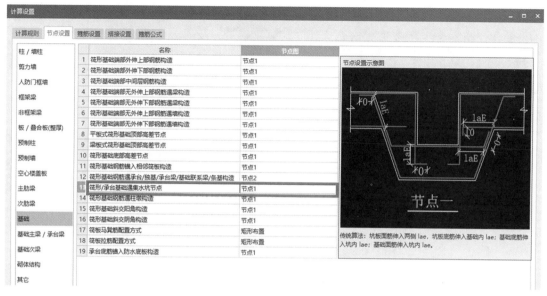

图 6-14　集水坑钢筋锚固节点

4. 绘制完成后，点击"汇总计算"即可查看该图元的模型工程量（图 6-15）。软件按照"属性"及调整后的"计算设置"汇总工程量，与手算思路一致。

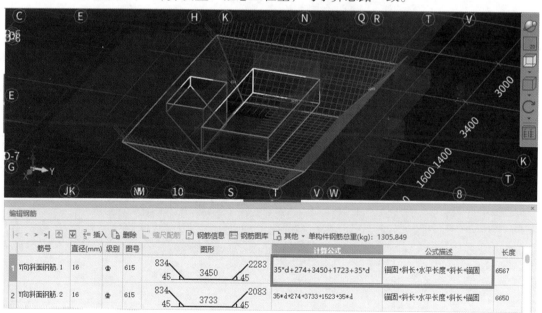

图 6-15　集水坑钢筋计算结果

6.4　案例总结

本案例难点在于集水坑各边出边距离和放坡角度不同，软件通过"调整放坡"功能灵活处理；定义集水坑时，可以通过参数图详细了解对应属性；当遇到"坑连坑"的情况时，往往会出现很多大样节点，需要详细阅读图纸调整"计算设置"。按照本书复杂构件处理思路解决问题，分析图纸中的特性问题，清楚需要计算的工程量，掌握平法、规范中的标准构造。灵活运用软件功能，能够直接处理的直接绘制即可；若不能直接处理时可以通过构件替代、调整"计算设置"、灵活应用"代码工程量"及"表格输入"轻松算量。

第7章 土方案例解析

土方工程需要计算的工程量主要分为三大部分：开挖、回填和外运。其中按照基础形式分类，开挖又分为大开挖、基槽开挖和基坑开挖；回填按照材质类型又分为灰土回填、素土回填，按照位置又分为基础回填和室内（房心）回填。本章节主要分析复杂土方的算量思路、软件处理以及不同类型土方的扣减关系，如图7-1所示。

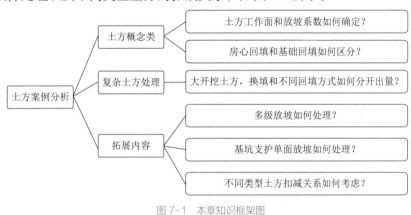

图7-1 本章知识框架图

7.1 土方概念类

7.1.1 土方放坡系数和工作面的确定

在《房屋建筑与装饰工程工程量计算规范》GB 50854—2013第7页，针对挖沟槽、挖基坑、挖一般土方，划分依据规定为：底宽≤7m，底长>3倍底宽为沟槽；底长≤3倍底宽、底面积≤150m² 为基坑；超出上述范围则为挖一般土方。

挖沟槽、挖基坑、挖一般土方因工作面和放坡增加的工程量（管沟工作面增加的工程量），是否并入各土方工程量中，按各省、自治区、直辖市或行业建设主管部门的规定实施。如并入各土方工程量中，办理工程结算时，按经发包人认可的施工组织设计规定计算，编制工程量清单时，可按《房屋建筑与装饰工程工程量计算规范》GB 50854—2013的规定计算。如图7-2、图7-3所示。

《房屋建筑与装饰工程工程量计算规范》GB 50854—2013中规定了放坡起点和放坡系数，比如一、二类土在挖土深度超过1.2m时需要做放坡，人工挖土和机械挖土有对应不同的放坡系数。另外注释中也有说明：计算放坡时，在交接处的重复工程量不予扣除。软件实现如图7-4、图7-5所示。

表 A.1-4   基础施工所需工作面宽度计算表

基础材料	每边各增加工作面宽度（mm）
砖基础	200
浆砌毛石、条石基础	150
混凝土基础垫层支模板	300
混凝土基础支模板	300
基础垂直面做防水层	1000（防水层面）

注：本表按《全国统一建筑工程预算工程量计算规则》GJDGZ-101-95 整理

表 A.1-5   管沟施工每侧所需工作面宽度计算表

管沟材料 ＼ 管道结构宽（mm）	≤500	≤1000	≤2500	＞2500
混凝土及钢筋混凝土管道（mm）	400	500	600	700
其他材质管道（mm）	300	400	500	600

注：①本表按《全国统一建筑工程预算工程量计算规则》GJDGZ-101-95 整理。
　　②管道结构宽：有管座的按基础外缘，无管座的按管道外径

图 7-2   工作面宽度计算表

表 A.1-3   放坡系数表

土类别	放坡起点（m）	人工挖土	机械挖土		
			在坑内作业	在坑上作业	顺沟槽在坑上作业
一、二类土	1.20	1：0.5	1：0.33	1：0.75	1：0.5
三类土	1.50	1：0.33	1：0.25	1：0.67	1：0.33
四类土	2.00	1：0.25	1：0.10	1：0.33	1：0.25

注：①沟槽、基坑中土类别不同时，分别按其放坡起点、放坡系数、依不同土类别厚度加权平均计算。
　　②计算放坡时，在交接处的重复工程量不予扣除，原槽、坑作基础垫层时，放坡自垫层上表面开始计算

图 7-3   表 A.1-3 放坡系数表

图 7-4　土方体积扣减计算规则

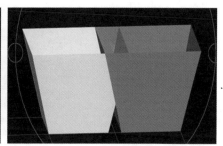

两个土方底部重叠时，按实扣减　　　　　　两个土方底部不重叠，放坡部分重叠时，放坡部分不扣减

图 7-5　土方三维模型

从详图分析（图 7-5），土方底部重叠时，大开挖土方相交部分按实扣减；土方底部不重叠，放坡部分重叠时，放坡部分不扣减。

7.1.2　房心回填

基础回填：设计室外地坪以下的回填可以称为基础回填。

室内（房心）回填：室外地坪和室内地坪之间的回填可以称为室内（房心）回填。

《房屋建筑与装饰工程工程量计算规范》GB 50854—2013 相关计算规则说明：室内回填以主墙间面积乘以回填土厚度计算，不扣除间隔墙；基础回填按挖方体积减去自然地坪以下埋设的基础体积（包括基础垫层及其他构筑物），如图 7-6 所示。

A.3 回填。工程量清单项目设置、项目特征描述的内容、计量单位及工程量计算规则，应按表 A.3 的规定执行。

表 A.3　回填（编号：010103）

项目编码	项目名称	项目特征	计量单位	工程量计算规则	工作内容
010103001	回填方	1.密实度要求 2.填方材料品种 3.填方粒径要求 4.填方来源、运距	m³	按设计图示尺寸以体积计算。 　1.场地回填：回填面积乘平均回填厚度 　2.室内回填：主墙间面积乘回填厚度，不扣除间隔墙。 　3.基础回填：挖方体积减去自然地坪以下埋设的基础体积（包括基础垫层及其他构筑物）	1.运输 2.回填 3.压实

图 7-6　回填清单计算规则

　　基础回填按照规范理解，针对房心回填着重说明：室内（房心）回填，是指将房屋底面从室外地坪标高提高至室内地坪结构层（垫层、找平层、面层等）底标高（即结构层的下表皮）所需要的回填土。可依据其位置分为两种情况。

　　（1）无地下室时，房心回填指的是室内外地坪高差部分，回填时一般使用原土进行回填。（2）有地下室或车库时，房心回填指的是筏板顶标高到建筑地面灰土垫层底部的部分，回填所用的土一般是新土。如图 7-7 所示。

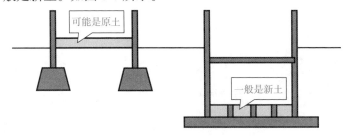

图 7-7　回填位置区分

以实际案例来进行理解。

　　【案例】室内外地坪高差 0.3m，室内地坪采用垫层 150mm、找平层 20mm、面层 20mm 的做法，现在计算房心回填的厚度。

　　【解答】V室内 $=S$净 $\times h$

　　$h=$ 填土厚度（室外地坪至室内设计地坪高度差减去室内地坪的结构层厚度）

　　　$=0.30-（0.02+0.02+0.15）=0.11mm$

　　软件处理依据位置区分两种情况：

　　（1）无地下室：首层绘制房心回填，属性窗口中手动调整回填厚度（$H=$ 室外地坪至室内设计地坪高度差减去室内地坪的结构层厚度），顶标高为 ±0.00，如图 7-8 所示。

　　（2）有地下室：基础层绘制房心回填，属性窗口中修改回填厚土（$H=$ 筏板顶标高至建筑地面灰土垫层底部的部分）及标高（依据工程实际情况修改），如图 7-9 所示。

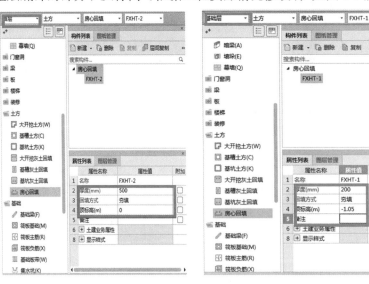

图 7-8　房心回填—无地下室　　　　　图 7-9　房心回填—有地下室

7.2 复杂土方处理

7.2.1 案例介绍

本工程室内外地坪高差 –0.45mm；工程中采用筏板基础，垫层底标高为 –1m，垫层厚度 100mm，从基础外扩 100mm。土方及地基做法：基础以下 2m 换填 3：7 灰土，基础周边 1m 以内回填 2：8 灰土，1m 以外素土回填（图 7-10），放坡系数 0.33，工作面宽1000mm（结合《房屋建筑与装饰工程工程量计算规范》GB 50854—2013 中第 8 页基础垂直面做防水层中每边各增加工作面宽度 1000mm 考虑，同时结合定额（以河北省定额为例），出现多种情况同时存在时按较大值计算，并且本案例未考虑换填部分对工作面宽的影响）。该土方工程需要计算哪些工程量？如何计算？

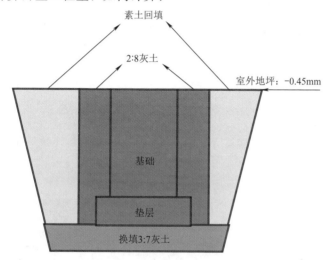

图 7-10   复杂土方案例

7.2.2 案例分析

在本案例中，土方的处理方式为：基础以下 2m 换填 3：7 灰土，基础周边 1m 以内回填 2：8 灰土，1m 以外素土回填。这个土方应该如何算量？

通过案例分析，需要计算四部分的工程量：大开挖部分，3：7 灰土换填部分，竖向2：8 灰土部分以及素土部分（此案例考虑换填部分有放坡，但工作面不在原有基础上考虑增加，实际操作时可依据工程实际情况修改）。

7.2.3 软件处理

针对上述四部分工程量，软件可通过四个步骤进行处理。

1. 绘制大开挖土方

（1）数值分析。计算前需要确定三个数据：工作面宽、开挖深度及标高（若知道开挖深度，则顶和底确定一个即可）。依据案例得出三者数值如下：工作面宽 =1000–100=900（软件工作面宽从垫层边开始计算，故需扣除垫层出边 100）；

开挖标高及深度：案例中垫层底标高 –1m，换填高度 2m，故大开挖底标高为 –3m，顶标高为 –0.45mm，开挖深度为 2550。

（2）软件操作：生成垫层后，可在垫层界面通过"生成土方"功能进行操作，分为两步：

　　第一步：在垫层界面，点击"生成土方"，修改相关属性信息（起始放坡位置：垫层底，工作面宽 900mm，放坡系数 0.33），如图 7-11 所示。

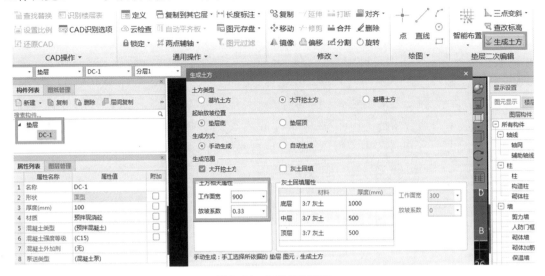

图 7-11　大开挖属性定义

　　第二步：选中已生成的大开挖，修改其底标高为"垫层底标高 –2"或"–3"（原理：通过垫层自动生成的底标高为 –1m，但考虑到底部进行 2m 的 3 ： 7 灰土换填，故需调整），如图 7-12 所示。

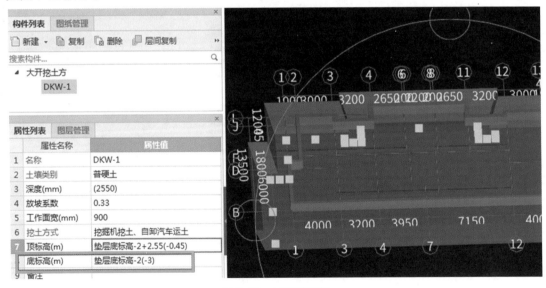

图 7-12　大开挖底标高

　　2. 绘制换填 3 ： 7 灰土部分

　　第一步：新建一个大开挖灰土回填及大开挖灰土回填单元，设置灰土回填单元属性（材质为 3 ： 7 灰土，深度 2000mm），设置灰土回填工作面宽 900mm，放坡系数为 0.33。

　　第二步：按面式垫层智能布置，布置成功后选中图元修改顶标高为"垫层底标高"，底标高自动联动，如图 7-13 所示。

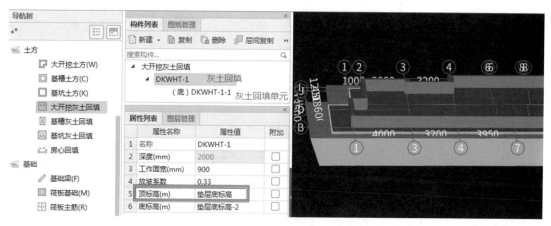

图 7-13　灰土换填绘制

3. 绘制 2 ：8 灰土部分

第一步：新建大开挖灰土回填及灰土回填单元。设置灰土回填单元属性：材质为 2 ：8 灰土，深度 550mm（室外地坪标高 –0.45mm，垫层底标高 –0.1m），设置灰土回填的放坡系数及工作面宽为 0，回填顶标高为 –0.45mm，底标高自动联动。如图 7-14 所示。

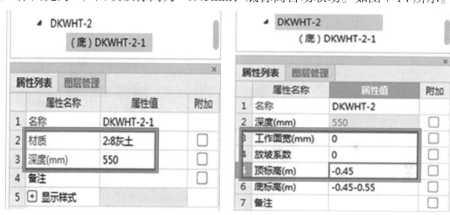

图 7-14　灰土回填属性

第二步：直线绘制，基础外扩 1m（绘制时可用 Shift+ 左键偏移绘制），如图 7-15 所示。

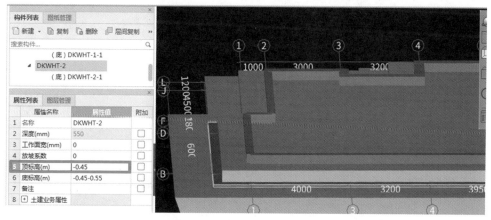

图 7-15　灰土回填绘制

备注：绘制时可通过"智能布置—外墙外边线"快速绘制，绘制完成后利用"偏移"功能整体外偏移 1m。

4.工程量查看

（1）素土回填：绘制完大开挖及灰土回填构件后，对于素土回填工程量软件自动出量，无须单独绘制模型，其素土回填工程量＝大开挖土方工程量－回填量－基础部分工程量，可通过查看大开挖工程量得出，如图 7-16、图 7-17 所示。

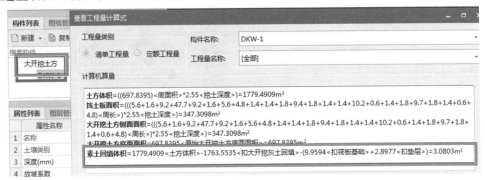

图 7-16   大开挖土方计算式

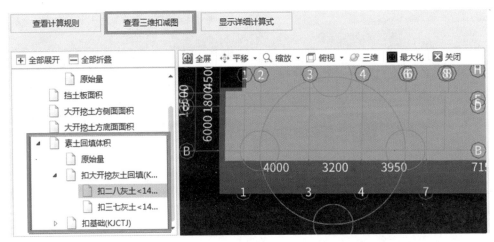

图 7-17   大开挖土方三维扣减图

（2）灰土回填：灰土回填工程量扣除与基础构件相交部分工程量，如图 7-18、图 7-19 所示。

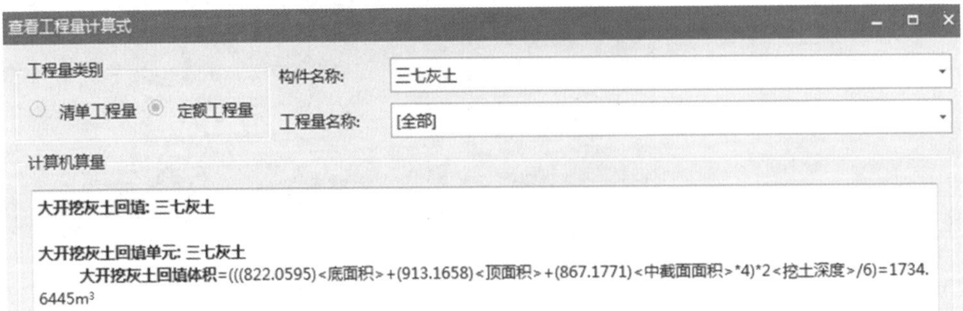

图 7-18   3∶7 灰土换填工程量

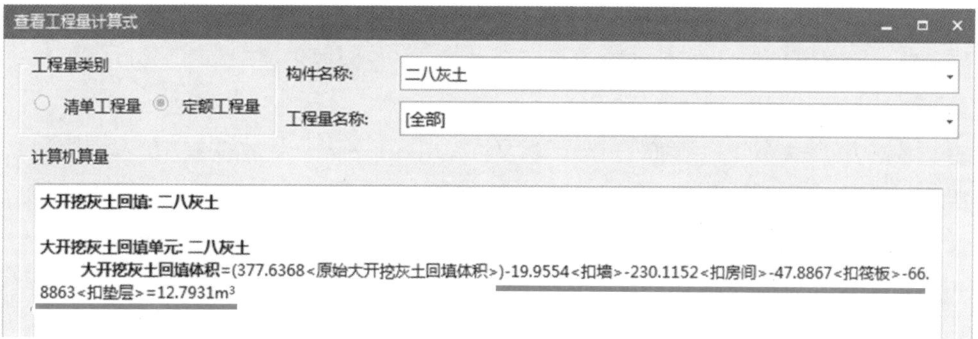

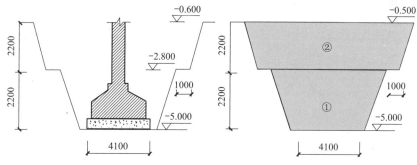

图 7-19　2：8 灰土回填工程量

总结：遇到复杂土方时，可将需要计算的工程量分成几个部分，逐一处理解决。绘制过程中需要注意，智能布置后需要检查标高是否正确。

备注：此解决方案并非唯一方案，有其他处理办法时也可应用。

7.3　拓展部分

本案例虽然回填相对复杂，但整体土方是单级放坡。实际工程中还有多级放坡的情况，应如何处理？除土方放坡问题外，还有基坑支护、放坡及工作面不同等问题，又应如何解决？

以下拓展这两种情况的处理思路。

7.3.1　多级放坡如何处理？

【案例】首层标高 –0.1m，室外地坪标高 –0.6m，基础底标高 –4.9m，独立基础下部尺寸 3.9m × 3.9m，垫层厚 100mm，出边 100mm，工作面宽 300mm，放坡系数 0.33。放坡形式如图 7-20 所示。

图 7-20　放坡形式

处理思路如下：需要分成两个单独的土方进行绘制。确定三个数据：各底部长度、挖土深度及土方标高。确定数据后在软件中新建进行绘制即可。

（1）土方①底部长度 =3.9+0.1 × 2+0.3 × 2；

土方②底部长度 =3.9+0.1 × 2+0.3 × 2+2 × 0.22 × 0.33。

（2）挖土深度：两个土方的深度都为 2.2m。

（3）土方底标高：土方①的开挖标高为 –5m；土方②的开挖标高为 –2.8m。

7.3.2　基坑支护、放坡及工作面不同如何处理？

【案例】基坑支护时，单面支挡土板（图 7-21），各面放坡系数和工作面宽度不一致时如何处理？

分析：挖方工程量 $=H(a+0.1+2c+0.5KH)\times L$，其中 K—放坡系数；L—坑槽长度。

处理过程关注两点：放坡系数（单边放坡 90°）和工作面（一侧为 $0.1+c$，一侧为 c）。

工作面宽度可通过"设置工作面"调整（只有在大开挖土方下才有此功能），单边不放坡可通过"设置放坡"调整，如图 7-22 所示。

图 7-21　基坑支护　　　　　图 7-22　设置工作面和设置放坡

7.4　案例总结

复杂土方的处理思路（图 7-23）主要是四个步骤：调整标高、调整深度、设置工作面、设置放坡。若遇到折线或阶梯形放坡可通过前两步处理；遇到挡土板或单边放坡可通过后两步处理，相应扣减规则可从土建计算规则查看。遇到其他复杂情况时可依据以上方法变通解决。

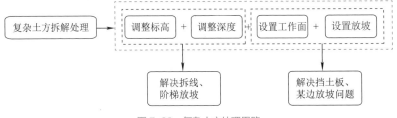

图 7-23　复杂土方处理思路

附属篇

第8章 楼梯案例解析

楼梯，是建筑物中垂直交通的必须构件，用于楼层之间和高差较大时的交通联系。高层建筑尽管采用电梯作为主要垂直交通工具，但仍然要保留楼梯，供火灾时逃生之用。早在中国战国时期铜器上的重屋形象中已镌刻有楼梯。15 ~ 16 世纪的意大利，将室内楼梯从传统的封闭空间中解放出来，使之成为形体富于变化、带有装饰性的建筑组成部分。

楼梯分为普通楼梯和特种楼梯两大类。普通楼梯又包括钢筋混凝土楼梯、钢楼梯和木楼梯等；特种楼梯主要有安全梯、消防梯和自动梯等。

剪刀式楼梯实际上是由两个双跑直楼梯交叉并列布置而形成的。属于消防特种楼梯。它将一个楼梯间从中隔开，一分为二，里面各设置一组没有拐弯的直跑楼梯，即一个梯段就可直接从本层通到上一层。而这两组梯段的倾斜方向又正好相反，一组向右侧，一组向左侧，从侧面看，叠合在一起就如同剪刀一样，故名剪刀楼梯，也有称其为叠合楼梯或是套梯。

本案例将以一栋36层住宅楼的剪刀楼梯为例，分享楼梯的钢筋、土建工程量计算思路，和用广联达土建计量软件计算楼梯工程量的方法。

8.1 案例介绍

本工程为住宅楼，共36层，抗震等级为二级；结构类型：主楼部分为框架结构；基础类型：筏板基础＋独立基础＋条形基础。本工程楼梯为双跑剪刀梯，如图8-1所示。

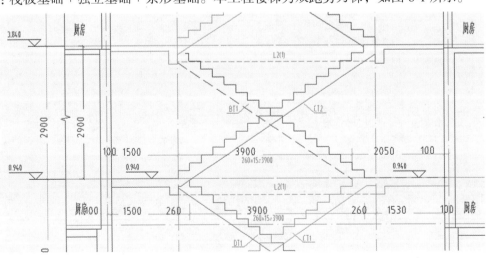

图 8-1 案例工程剪刀楼梯

楼梯是一个复合构件，由斜跑、梯梁、休息平台、栏杆、扶手等部分组成。清单要计算的是投影面积、钢筋重量等工程量，各地区定额规则不同，需要计算的工程量更加细致。关于楼梯的处理，本章都会进行详细剖析，如图 8-2 所示。

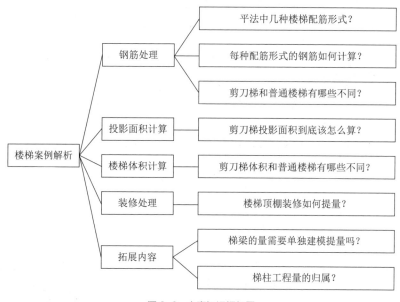

图 8-2   本章知识框架图

8.2   钢筋处理

8.2.1   图纸分析

在本工程楼梯结构图中表明，楼梯构造按照图集《混凝土结构施工图平面整体表示方法制图规则和构造详图（现浇混凝土板式楼梯）》22G101—2（以下简称图集 22G101—2）执行。这也是当前现浇混凝土结构应用最广泛的图集，如图 8-3 所示。

1.楼梯结构构件混凝土强度等级随各楼层梁板。
2.平台板、平台梁的相关信息详见板、梁平法施工图。
3.除注明外、梁定位均居轴线中或平柱(墙)边、柱(墙)均居轴线中。
4.TKL、TKZ按框架梁、框架柱构造施工、抗震等级同相应楼层。
5.本图相应构造按图集22G101—1和图集22G101—2执行。
6.除注明外，主次梁相交处，在主梁上次梁两侧各额外设置3根附加箍筋间距50mm，附加箍筋直径及肢数同主梁箍筋(详见图集22G101—1第2-39页)。
7.未标注的梁、板、墙、柱详见同标高梁、板、墙、柱施工图。
8.梯板上部纵向钢筋在端支座的锚固构造按"设计按铰接"时选用。

图 8-3   楼梯说明

以 0.94~3.84m 标高范围的一层区域为例，详细的楼梯配筋，见楼梯一层结构平面图。本工程一层剪刀梯，梯段部分采用的是图集 22G101—2 中的 BT1 和 CT2 节点，如图 8-4 所示。

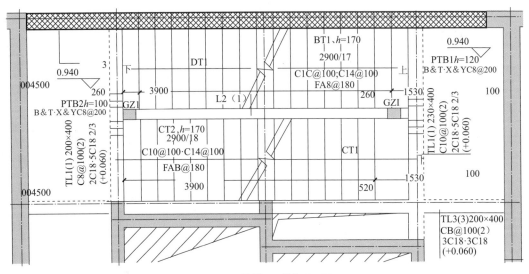

图 8-4　楼梯一层结构平面图

8.2.2　算法分析

在计算本案例楼梯钢筋工程量之前，先了解一下平法规则中的楼梯。从楼梯类型、楼梯截面形式、楼梯标注方式、楼梯钢筋量计算、软件结果对比五个部分分别剖析。

8.2.2.1　楼梯类型

在图集22G101—2平法第1-3页，现浇混凝土板式楼梯类型划分为14种，如图8-5所示。

表2.2.1　楼梯类型

梯板代号	适用范围		是否参与结构整体抗震计算	示意图所在页码	注写方式及构造图所在页码
	抗震构造措施	适用结构			
AT	无	剪力墙、砌体结构	不参与	1-8	2-7、2-8
BT				1-8	2-9、2-10
CT	无	剪力墙、砌体结构	不参与	1-9	2-11、2-12
DT				1-9	2-13、2-14
ET	无	剪力墙、砌体结构	不参与	1-10	2-15、2-16
FT				1-10	2-17、2-18 2-19、2-23
GT	无	剪力墙、砌体结构	不参与	1-11	2-20～2-23
ATa	有	框架结构、框剪结构中框架部分	不参与	1-12	2-24～2-26
ATb			不参与	1-12	2-24、2-27、2-28
ATc			参与	1-12	2-29、2-30
BTb	有	框架结构、框剪结构中框架部分	不参与	1-13	2-31～2-33
CTa	有	框架结构、框剪结构中框架部分	不参与	1-14	2-25、2-34、2-35
CTb				1-14	2-27、2-34、2-36
DTb	有	框架结构、框剪结构中框架部分	不参与	1-13	2-32、2-37、2-38

注：ATa、CTa低端带滑动支座支承在梯梁上；ATb、BTb、CTb、DTb低端带滑动支座支承在挑板上。

图 8-5　楼梯类型

8.2.2.2　楼梯截面形状与支座位置示意图

楼梯的截面形状与位置关系在图集 22G101—2 中有详细的说明，以 AT~ GT 型为例，如图 8-6~图 8-9 所示。

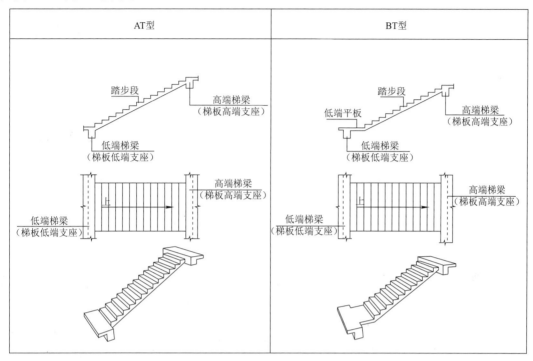

图 8-6　AT~BT 型楼梯

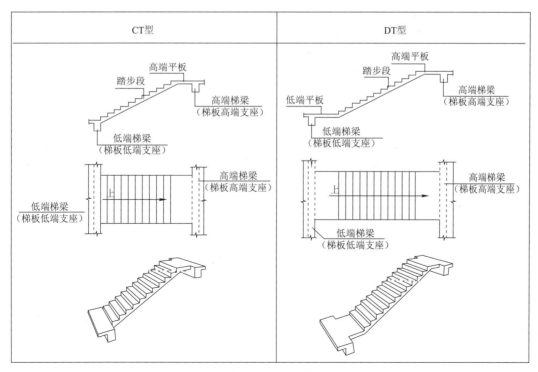

图 8-7　CT~DT 型楼梯

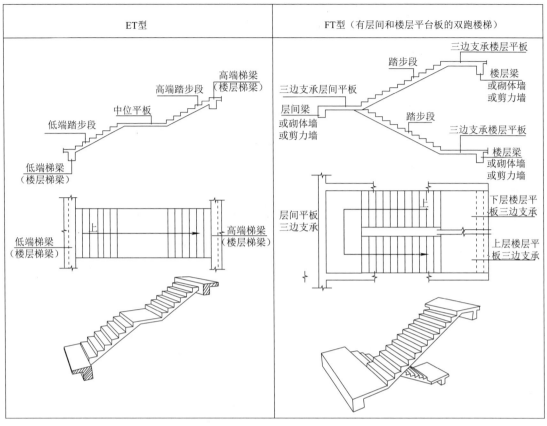

图 8-8　ET~FT 型楼梯

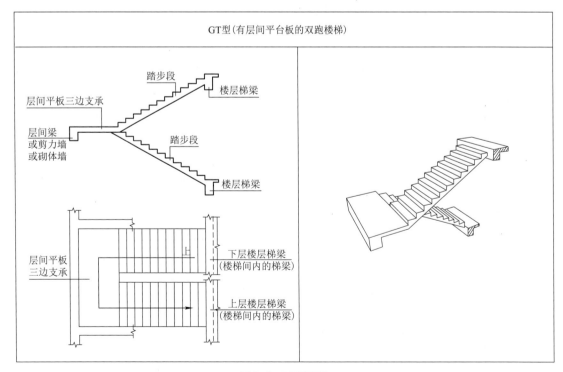

图 8-9　GT 型楼梯

　　AT~ET 型板式楼梯，代号代表一段带上下支座的梯板。梯板主体为踏步段，除踏步段之外，梯板可包括低端平板、高端平板以及中位平板。梯板两端采用单边支撑，分别以梯梁为支座。

　　其中，AT 型梯板全部由踏步段构成；BT 和 CT 型梯板为踏步和一侧平台板组合的形式，BT 型梯板由踏步段和低端平板构成；CT 型梯板由踏步段和高端平板构成；DT 型梯板踏步两端均有平板，由低端平板、踏步段和高端平板构成；ET 型梯板平板在踏步中间，由低端踏步段、中位平板和高端踏步段构成。

　　FT~GT 型板式楼梯，代号代表两跑踏步段，和连接他们的楼层平板及层间平板。这两种类型梯板，支撑方式也有所不同。FT 型梯板两端的层间平板和楼层平板，均采用三边支承；GT 型梯板，层间平台三边支撑，另一侧为踏步段端部，采用单边支承，以梯梁为支座。

　　FT 型梯板，由层间平板、踏步段和楼层平板构成；GT 型梯板，由层间平板和踏步段构成。

　　总结截面组成如图 8-10 所示。

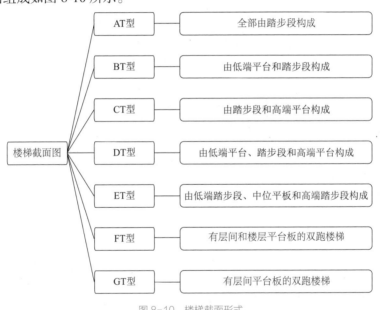

图 8-10　楼梯截面形式

8.2.2.3　楼梯标注方式

　　楼梯按照平法规则，表示形式分为集中标注和外围标注两部分。集中标注包括：楼梯代号、梯板厚度、踏步段总高度和踏步级数、梯板支座上部筋和下部筋、梯板分布筋 5 个部分。

　　外围标注包括楼梯间的平面尺寸、楼层结构标高、层间结构标高、楼梯的上下方向、梯板的平面几何尺寸、平台板配筋、梯梁及梯柱配筋等。具体标注方式如图 8-11 所示。

　　梯板配筋全部在集中标注中体现，主要有三种钢筋：上部筋、下部筋和分布筋。通过图集 22G101—2 第 2-7 页的 AT 型楼梯设计示例，可以了解到图纸详细标注样式，如图 8-12 所示。

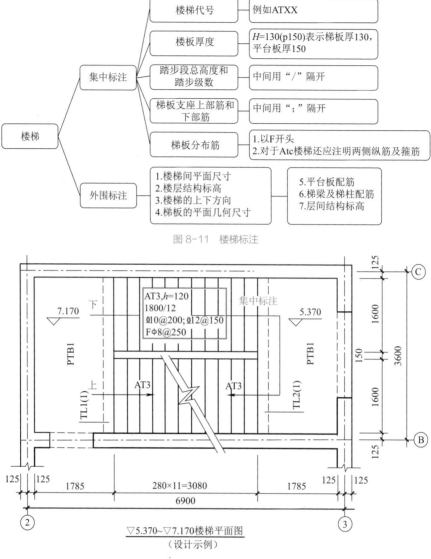

图 8-11 楼梯标注

图 8-12 AT 型楼梯标注

　　设计示例中，楼梯集中标注表示：AT 型楼梯，代号 AT3，梯板厚度 120，踏步段总高 1800，踏步级数为 12 级。梯板支座上部筋为直径为 10 的 HRB400 的钢筋，间距 200，下部筋 为直径 12 的 HRB400 的钢筋，间距 150，梯板分布筋为直径 8 的 HPB300 的钢筋，间距 250。

8.2.2.4　AT 型楼梯钢筋计算

　　AT 型楼梯，梯板部分的三种钢筋主要排布方式，见图集 22G101—2 第 2-8 页，如图 8-13 所示。

　　以 AT 型楼梯设计示例，按照平法规则计算梯板钢筋长度如下：

　　（1）上、下端上部钢筋长度 = 斜长 + 板厚 +2× 保护层 + 钢筋锚入支座长度 + 弯折

$$=874+120-2 \times 20+204+15 \times 10=1308$$

　　（2）下部钢筋长度 = 斜长 + 两端锚固

$$= 3494+114+114=3722$$

（3）梯板分布筋＝梯板净宽＝梯板 $-2 \times bhc$

$$=1600-2 \times 20=1560$$

8.2.2.5　AT 型楼梯设计示例软件结果

AT 型楼梯设计示例节点信息录入软件，新建参数化楼梯，选择楼梯类型，选择 AT 型梯段，输入信息，如图 8-14 所示。

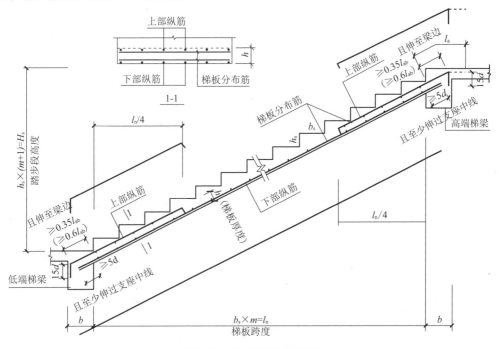

图 8-13　AT 型楼梯板配筋构造

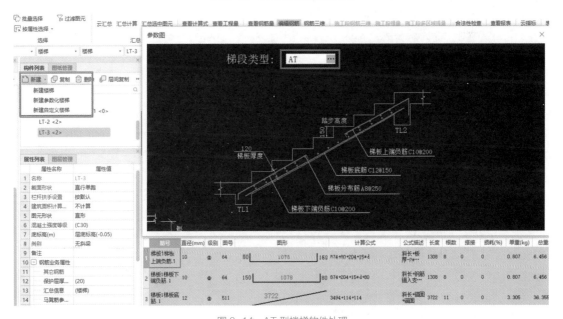

图 8-14　AT 型楼梯软件处理

AT 型楼梯配筋，是最基础的梯段配筋样式。其他形式都是在 AT 基础上稍加改变。AT

梯板低端配筋现场照片如图 8-15 所示。

图 8-15 楼梯现场配筋

8.2.2.6 其他型楼梯板配筋构造

BT 型楼梯，梯板部分的钢筋主要排布方式见图集 22G101—2 第 2-10 页，如图 8-16 所示。

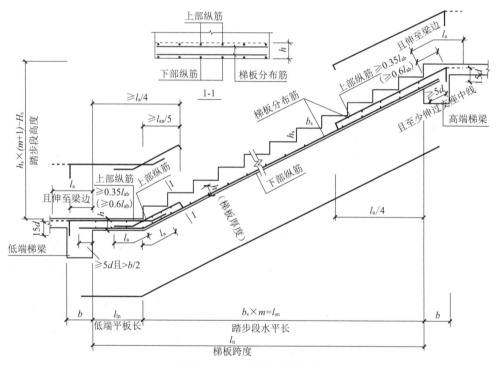

图 8-16 BT 型楼梯板配筋构造

BT 型楼梯，同样包含下部钢筋、上部钢筋、分布筋三种，由于 BT 型梯板由踏步段和低端平台构成，所以下梯梁端、上部钢筋和下部钢筋都有所不同。如图 8-17 所示。

（1）下梯梁上部钢筋（伸入跨内投影总长≥梯板总长 /4）：

跨内段长度 = 跨内弯折 + 斜长 + 锚固。

锚固段长度 = 锚固 + 低端平板长 + 端部锚固。

（2）下部钢筋长度 = 斜段长 + 低端平板长 + 两端锚固。

CT 型楼梯，梯板由踏步段和高端平台构成，所以上梯梁端、上部钢筋和下部钢筋都有所不同，如图 8-18 所示。

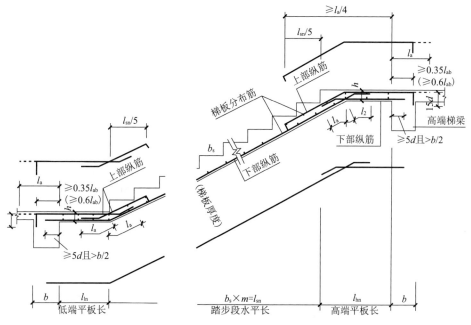

图 8-17　BT 型梯板下梯梁处配筋构造　　　　图 8-18　CT 型梯板上梯梁处配筋构造

（1）上梯梁上部钢筋 = 跨内弯折 + 斜长 + 高端平板长 – 踏步宽 + 锚固。

（2）下部钢筋长度：

高端平板处长度 = 高端平板长 – 踏步宽 + 锚固 + 端部锚固。

踏步段长度 = 锚固 + 斜长 + 端部锚固。

其他楼梯梯板配筋，不再赘述。

8.2.3　软件处理

本案例剪刀式楼梯实际就是两套双跑直楼梯交叉并列布置而成的。在本工程一层，分别为 BT 型梯板和 CT 型梯板交叉而成。有了普通楼梯的计算经验，再计算本案例就很简单。如图 8-19、图 8-20 所示。

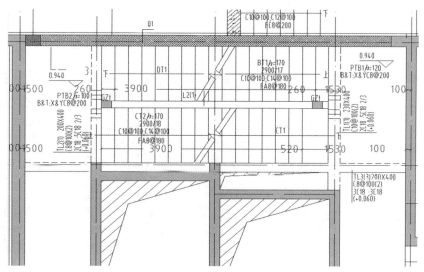

图 8-19　楼梯一层结构平面图

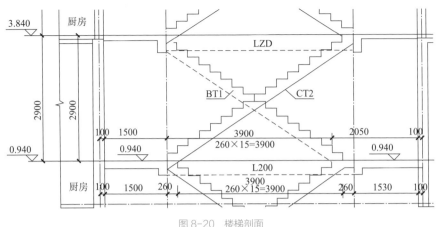

图 8-20 楼梯剖面

l_a=40d，bhc=15。BT 型楼梯梯板钢筋为：

（1）下梯梁下部钢筋（伸入跨内投影总长≥梯板总长 /4）：

跨内段长度 = 跨内弯折 + 斜长 + 锚固

$$= 板厚 -2 \times bhc+Sqrt \{ Sqr(l_n/4)+Sqr [（H_n-hs）/4] \} +l_a$$

锚固段长度 = 锚固 + 低端平板长 + 端部锚固（l_a 或 支座宽 $-bhc$+15d）

$$= l_a+ 低端平板长 +l_a$$

（2）下部钢筋长度 = 斜段长 + 低端平板长 + 两端锚固

$$= Sqrt [Sqr(l_n)+Sqr(H_n-hs)] + 低端板长 +2 \times Max（5d，支座宽 /2）$$

（3）梯板分布筋 = 梯板净宽 = 梯板宽度 $-2 \times bhc$

l_a=40d，bhc=15。CT 型楼梯梯板钢筋为：

（1）上梯梁上部钢筋 = 跨内弯折 + 斜长 + 高端平板长 + 锚固。

（2）下部钢筋长度：

高端平板处长度 = 高端平板长 – 踏步宽 + 锚固 + 端部锚固

$$=lh_n-b_s+ l_a +Max（5d，支座宽 /2）$$

踏步段长度 = 锚固 + 斜长 + 端部锚固。

（3）梯板分布筋 = 梯板净宽 = 梯板 $-2 \times bhc$（HPB300 级钢筋，为满足设计要需加弯勾）。

软件提供了多种楼梯的建立方式，对于常见的楼梯类型可以使用"新建参数化楼梯"，选择其中的"剪刀楼梯"，根据图纸输入尺寸及钢筋信息即可，如图 8-21 所示。

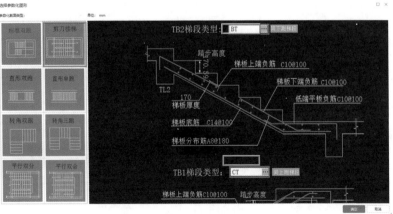

图 8-21 剪刀楼梯软件处理

8.3 投影面积计算

8.3.1 算法分析

《房屋建筑与装饰工程工程量计算规范》GB 50854—2013 中要求楼梯计算投影面积，如图 8-22 所示。

项目编码	项目名称	项目特征	计量单位	工程量计算规则	工作内容
010506001	直形楼梯	1. 混凝土类别 2. 混凝土强度等级	1. m² 2. m³	1. 以平方米计量，按设计图示尺寸以水平投影面积计算。不扣除宽度≤500mm 的楼梯井，伸入墙内部分不计算。 2. 以立方米计量，按设计图示尺寸以体积计算	1. 模板及支架（撑）制作、安装、拆除、堆放、运输及清理模内杂物、刷隔离剂等 2. 混凝土制作、运输、浇筑、振捣、养护
010506002	弧形楼梯				

注：整体楼梯（包括直形楼梯、弧形楼梯）水平投影面积包括休息平台、平台梁、斜梁和楼梯的连接梁。当整体楼梯与现浇楼板无梯梁连接时，以楼梯的最后一个踏步边缘加 300mm 为界

图 8-22 楼梯清单计算规则

按照规范，普通楼梯水平投影面积包括：梯段部分、休息平台、平台梁、斜梁、连接梁。如图 8-23 所示。

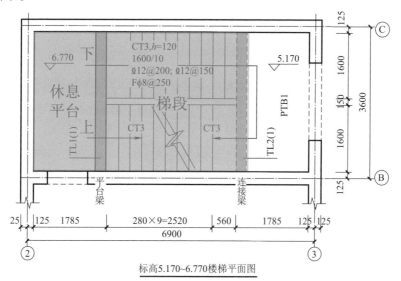

标高5.170~6.770楼梯平面图

图 8-23 楼梯投影算法

8.3.2 案例分析

本案例剪刀楼梯没有严格的休息平台和入户板的界限。不同地区计算投影面积有不同的规定。有的地区只计算梯段和梯梁；有的地区加上一侧或两侧平台板；还有很多地区没有规定，需要双方提前约定。

8.3.3 软件处理

1. 以普通楼梯为例，如果只需计算投影面积，在软件中可直接在"楼梯"构件中，新

建"楼梯"，这是一个平面构件，用矩形或直线画法，绘制到楼梯间，需要计算投影的位置，即可计算出投影面积工程量。本图投影面积覆盖梯段、梯梁和一侧平台板，如图 8-24 所示。

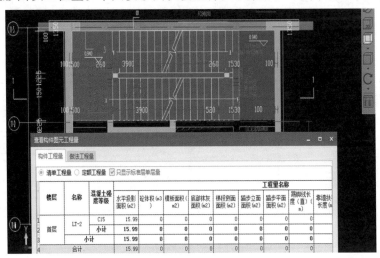

图 8-24　楼梯投影面积计算结果

2. 另一种计算楼梯投影面积的方法是"参数化"楼梯。在"楼梯"构件中，"新建"参数化楼梯（图 8-21），有八种参数图集按需选择。此方法不仅可以计算投影面积，还可以计算清单中要求的其他工程量。

3. 除了用"楼梯"构件来绘制面积，还有个别用户为了提高工作效率，直接用"装修"中的"楼地面"装修来绘制投影面积，既计算了地面装修的工程量，又能同时通过代码提出投影面积。可见软件是工具，用户操作熟练了之后，可以按照自己的使用习惯灵活应用。

本案例剪刀楼梯，重点是提前约定好，投影面积是只计算梯段部分，还是包含一侧或两侧板。约定好后，最快的方法是绘制"楼梯"构件，把需要计算投影面积的区域"直线"或"矩形"绘制，就完成了投影面积的计算。

楼梯的投影面积量应用非常广泛，常见模板及支架制作、安装、运输等。各地区定额，模板也多以投影面积进行计算。

8.4　楼梯体积计算

8.4.1　算法分析

清单的计算规则中，楼梯还可以以立方米计量，按设计尺寸以体积计算。各地区定额，楼梯混凝土量多以体积计量。因此，计算混凝土体积，也是楼梯算量中不能缺少的一项。

平时遇到的普通楼梯，双跑楼梯居多。要计算混凝土体积，应用软件极为方便。

8.4.2　软件处理

在软件参数化图集中（图 8-21），普通双跑楼梯按照不同平法图集要求，给出了三种标准双跑的形式，再加上直行双跑、单跑、转角梯等参数图集，可以排列组合出多种楼梯样式。即便有的图纸有特殊的楼梯构造，也可以通过普通构件＋参数图集结合的形式，快速建模出量。

本案例剪刀式楼梯就是一种参数化楼梯，可以直接选择样式输入信息，前面钢筋处理部分已经进行了说明，此处不再赘述，绘制好的效果如图 8-25 所示。

软件计算结果如图 8-26 所示。

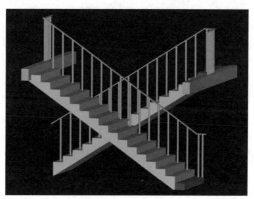

图 8-25　软件绘制模型

查看构件图元工程量

构件工程量　做法工程量

◉ 清单工程量　○ 定额工程量　☑ 只显示标准层单层量　☐ 显示施工段归类

	楼层	名称	工程量名称															
			水平投影面积(m2)	体积(m3)	模板面积(m2)	底部抹灰面积(m2)	梯段侧面面积(m2)	踏步立面面积(m2)	踏步平面面积(m2)	踢脚线长度（直）(m)	靠墙扶手长度(m)	栏杆扶手长度(m)	防滑条长度(m)	踢脚线面积（斜）(m2)	踢脚线长度（斜）(m)	梯段体积(m3)	梯段底部面积(m2)	梯段底部抹灰面积(m2)
1	首层	LT-1	15.0256	4.1753	33.3073	20.8852	4.5036	7.9185	11.934	0	0	11.5557	39.36	0	0	3.6009	14.7376	14.7376
2		**小计**	**15.0256**	**4.1753**	**33.3073**	**20.8852**	**4.5036**	**7.9185**	**11.934**	**0**	**0**	**11.5557**	**39.36**	**0**	**0**	**3.6009**	**14.7376**	**14.7376**
3	合计		15.0256	4.1753	33.3073	20.8852	4.5036	7.9185	11.934	0	0	11.5557	39.36	0	0	3.6009	14.7376	14.7376

图 8-26　软件计算结果

8.5　装修处理

8.5.1　图纸分析

图纸中房间装修表中给出了楼梯间的装修组合，如图 8-27 所示。

房间名称	楼地面	踢脚或墙裙	墙面	顶棚	备注
做法详地下室室内外装修构造做法表					
门廊	地 7	详装修二次设计	同外墙	详装修二次设计	面层详装修
大堂	地 6	详装修二次设计	内 1	顶 3	面层详装修
楼梯间　前室(无需埋管)	楼 9	踢 2	内 2/ 内 7	顶 2	
电梯井道			基层清理	基层清理	

图 8-27　楼梯间装修

除楼梯间墙面、顶棚、地面等装修细节，按照各地区定额要求，楼梯本身也有详细装修工程量需要处理。比如楼梯本身梯段上下装修、梯段侧面、栏杆扶手等。如图 8-28 所示。

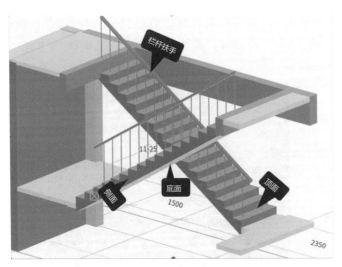

图 8-28　楼梯要算的装修工程量

本案例图纸还给出了靠墙扶手、剪刀楼梯扶手等详细做法，如图 8-29 所示。

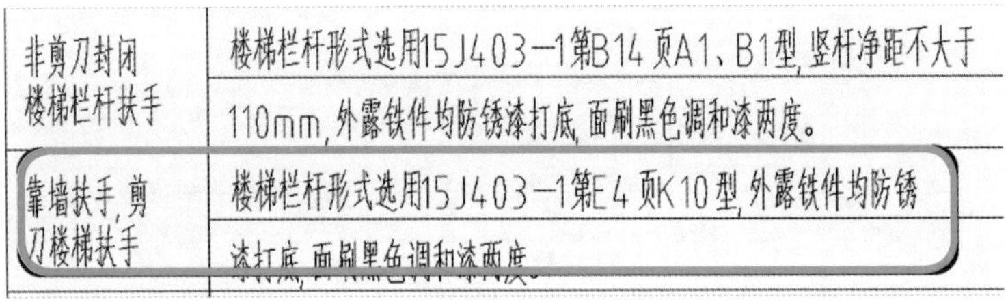

非剪刀封闭楼梯栏杆扶手	楼梯栏杆形式选用15J403-1第B14页A1、B1型，竖杆净距不大于110mm，外露铁件均防锈漆打底，面刷黑色调和漆两度。
靠墙扶手，剪刀楼梯扶手	楼梯栏杆形式选用15J403-1第E4页K10型，外露铁件均防锈漆打底，面刷黑色调和漆两度。

图 8-29　剪刀楼梯扶手详细做法

8.5.2　算法分析

楼梯装修可以分为楼梯间墙面、顶层顶棚、底层地面装修，以及楼梯本身梯段上下装修、梯段侧面、栏杆扶手等。楼梯间装修参照房间装修章节，不再赘述。下面介绍楼梯本身装修。

1. 楼梯面层装饰，按照清单规则、设计图示尺寸，以楼梯水平投影面积计算工程量。如图 8-30 所示。

表 L.6　楼梯面层（编码：011106）

项目编码	项目名称	项目特征	计量单位	工程量计算规则	工作内容
011106001	石材楼梯面层	1. 找平层厚度、砂浆配合比 2. 粘结层厚度、材料种类 3. 面层材料品种、规格、颜色 4. 防滑条材料种类、规格 5. 勾缝材料种类 6. 防护材料种类 7. 酸洗、打蜡要求	m²	按设计图示尺寸以楼梯（包括踏步、休息平台及 ≤ 500mm 的楼梯井）水平投影面积计算。楼梯与楼地面相连时，算至梯口梁内侧边沿；无梯口梁者，算至最上一层踏步边沿加300mm	1. 基层清理 2. 抹找平层 3. 面层铺贴、磨边 4. 贴嵌防滑条 5. 勾缝 6. 刷防护材料 7. 酸洗、打蜡 8. 材料运输
011106002	块料楼梯面层				
011106003	拼碎块料面层				

图 8-30　楼梯面层规则

2. 板式楼梯，顶棚抹灰按斜面积计算。锯齿形楼梯底板按展开面积。如图 8-31 所示。

N.1 天棚抹灰

天棚抹灰工程量清单项目的设置、项目特征描述的内容、计量单位及工程量计算规则应按表 N.1 的规定执行。

表 N.1 天棚抹灰（编码：011301）

项目编码	项目名称	项目特征	计量单位	工程量计算规则	工作内容
011301001	天棚抹灰	1. 基层类型 2. 抹灰厚度、材料种类 3. 砂浆配合比	m²	按设计图示尺寸以水平投影面积计算。不扣除间壁墙、垛、柱、附墙烟囱、检查口和管道所占的面积，带梁天棚的梁两侧抹灰面积并入天棚面积内，板式楼梯底面抹灰按斜面积计算，锯齿形楼梯底板抹灰按展开面积计算	1. 基层清理 2. 底层抹灰 3. 抹面层

图 8-31 天棚抹灰规则

3. 零星装饰，按图示尺寸计算面积。比如楼梯侧面装修，如图 8-32 所示。

表 L.8 零星装饰项目（编码：011108）

项目编码	项目名称	项目特征	计量单位	工程量计算规则	工作内容
011108001	石材零星项目	1. 工程部位 2. 找平层厚度、砂浆配合比 3. 贴结合层厚度、材料种类 4. 面层材料品种、规格、颜色 5. 勾缝材料种类 6. 防护材料种类 7. 酸洗、打蜡要求	m²	按设计图示尺寸以面积计算	1. 清理基层 2. 抹找平层 3. 面层铺贴、磨边 4. 勾缝 5. 刷防护材料 6. 酸洗、打蜡 7. 材料运输
011108002	拼碎石材零星项目				
011108003	块料零星项目				
011108004	水泥砂浆零星项目	1. 工程部位 2. 找平层厚度、砂浆配合比 3. 面层厚度、砂浆厚度			1. 清理基层 2. 抹找平层 3. 抹面层 4. 材料运输

注：1 楼梯、台阶前边和侧面镶贴块料面层，不大于 0.5m² 的少量分散的楼地面镶贴块料面层，应按本表执行。
2 石材、块料与粘结材料的结合面刷防渗材料的种类在防护材料种类中描述

图 8-32 零星装饰

4. 至于其他项目，栏杆、扶手、栏板等，按设计图示尺寸，以中心线长度计算。如图 8-33 所示。

表 Q.3 扶手、栏杆 、栏板装饰 (编码 :011503)

项目编码	项目名称	项目特征	计量单位	工程量计算规则	工作内容
011503001	金属扶手、栏杆、栏板	1. 扶手材料种类、规格 2. 栏杆材料种类、规格 3. 栏板材料种类、规格、颜色 4. 固定配件种类 5. 防护材料种类	m	按设计图示以扶手中心线长度 (包括弯头长度) 计算	1. 制作 2. 运输 3. 安装 4. 刷防护材料
011503002	硬木扶手、栏杆、栏板				
011503003	塑料扶手、栏杆、栏板				
011503004	GRC 栏杆、扶手	1. 栏杆的规格 2. 安装间距 3. 扶手类型规格 4. 填充材料种类			

图 8-33 扶手栏杆等

8.5.3 软件处理

本案例剪刀式楼梯装修工程量计算如下：

（1）顶棚装修工程量，如图 8-34 所示。

清单中要求板式楼梯顶棚装修按斜面面积计算，普通楼梯底部抹灰面积包含：梯梁 1 抹灰面积 + 梯梁 2 抹灰面积 + 梯段底部面积 + 板抹灰面积（图 8-34 所示画线部分面积）。

本案例剪刀式楼梯，两侧平台板都不包含在楼梯构件中，还需在现浇板中提取"底面模板面积"出量。

（2）楼梯面层装修，如图 8-35 所示。

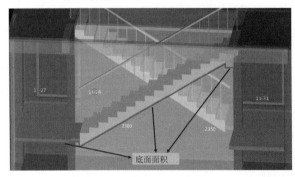

图 8-34 楼梯顶棚装修

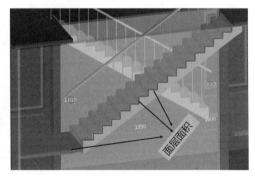

图 8-35 楼梯面层装修

清单中楼梯面层计算投影面积，各地定额规则不同，算法会有差异。多数地区定额规则同清单，计算如图 8-35 所示"面层面积"的水平投影面积。

有时需要提取详细的工程量。如需计算图示梯段梯面、踏面加平台顶面的全部面积，可提取水平投影面积 + 踏步立面面积工程量。

同样，本案例剪刀式楼梯，两侧平台板都不包含在楼梯构件中，还需单独提量。另外，在实际工程中，因各地计算规则不同，或者合同约定不同，需要根据工程要求灵活提取工程量。

（3）栏杆扶手工程量，如图8-36、图8-37所示。

图8-36　楼梯栏杆扶手实例图

图8-37　楼梯靠墙扶手实例图

不同工程的栏杆扶手的设置是不同的，有的工程仅在靠近梯井一侧需要设置栏杆扶手，有的工程靠墙一侧也需要计算扶手，软件中新建完参数化楼梯，可以在属性中进行"栏杆扶手设置"，如图8-38所示。

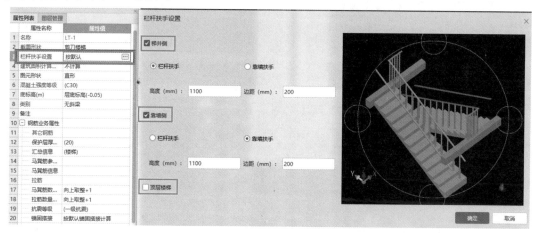

图8-38　栏杆扶手设置

靠梯井一侧一般采用栏杆扶手，靠墙一侧一般采用靠墙扶手，在"栏杆扶手"处可以根据工程情况进行选择，对于顶层楼梯可以在栏杆扶手设置中勾选"顶层楼梯"，勾选后栏杆扶手会加长，如图8-39所示。

设置完栏杆扶手属性后，对楼梯图元进行汇总计算就可以看到栏杆扶手的工程量，如图8-40所示。

另外需要注意的是，剪刀楼梯的参数化模型中不包括两侧的梯板，如果梯板处需要计算栏杆扶手，需要用自定义线计算其长度。

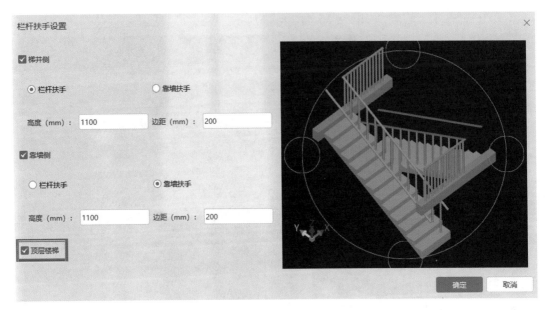

图 8-39　顶层栏杆扶手

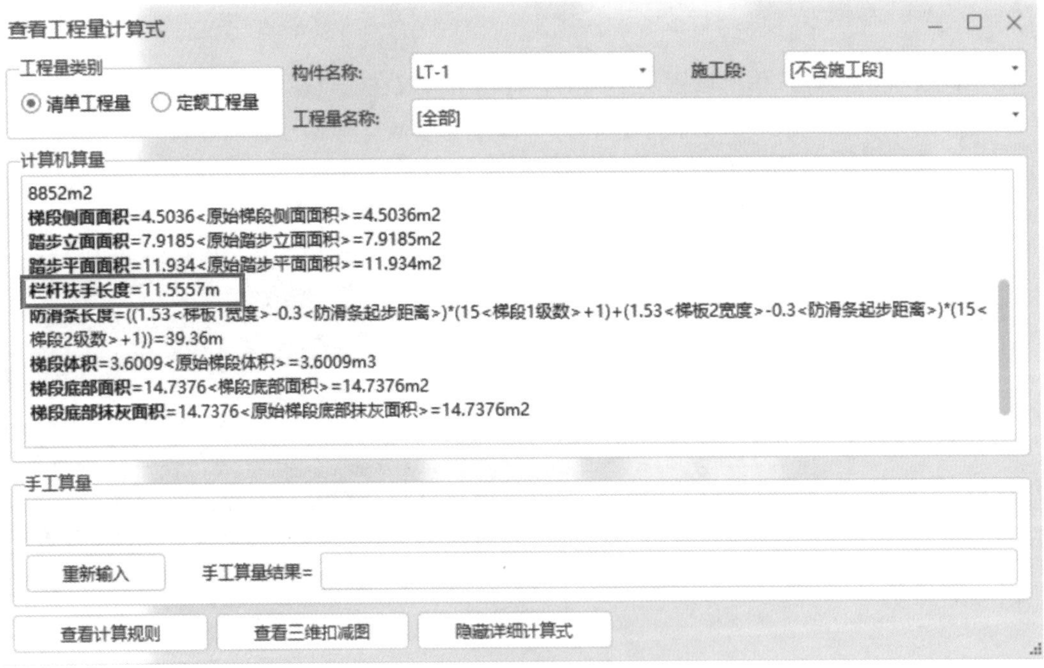

图 8-40　查看栏杆扶手计算式

（4）楼梯踢脚工程量，如图 8-41 所示。

楼梯踢脚工程量，规则同房间装修踢脚。按实际工程要求，计算长度或面积。楼梯参数化模型中不包括的部分，如果也需要计算踢脚工程量，可以单独绘制装修中的踢脚图元，或者用自定义线进行长度计算。

踢脚线长度（直），如图 8-41 所示，箭线所指长度；踢脚线长度（斜），梯段部分只计算斜长，其他位置同踢脚线（直）算法。

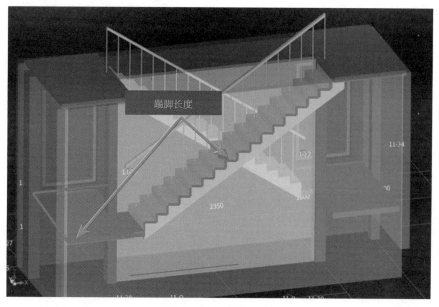

图 8-41　楼梯踢脚工程量

（5）楼梯侧面装修工程量，如图 8-42 所示。

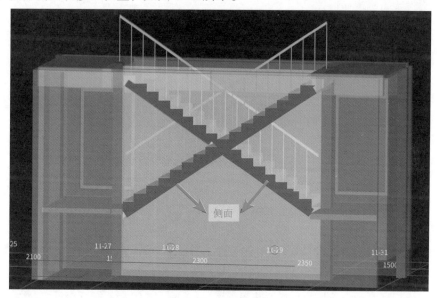

图 8-42　楼梯侧面装修量

楼梯侧面装修按定额要求，如需计算，执行零星项目。软件中提取"梯段侧面面积"代码。

8.6　拓展部分

8.6.1　梯柱工程量如何计算？

楼梯清单投影面积中不含梯柱。因此，梯柱需要单独提量。在软件中单独绘制梯柱构件即可，如图 8-43 所示。

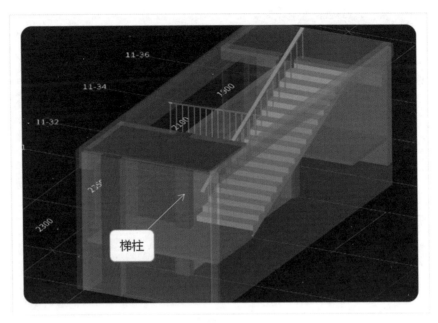

图 8-43 梯柱单独提量

8.6.2 梯梁工程量如何计算？

清单投影面积中，包含平台梁和连接梁，也就是包含紧挨梯段的两道工程量。平台板远端的梁，在投影面积中没有包含。因此，平台板远端如有梁，需要单独列项，如图 8-44 所示。

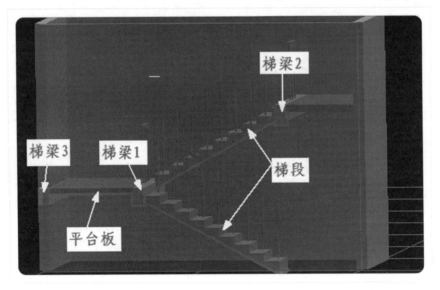

图 8-44 梯梁单独提量

图中梯梁 3 不含在投影面积中，需要单独建模提量。

8.7 案例总结

本章讲解了楼梯的钢筋、投影面积、楼梯体积和楼梯装修的计算方式。图纸上不同型号的楼梯，钢筋种类也有很大差别，AT~DT 型楼梯最为常见，此四种楼梯最主要的差别为梯段中是否包含平板，以及平板的具体位置。平板的加入，增加了楼梯的灵活性，使楼梯在竖向和水平方向更有延展性。平板和梯段间钢筋连接，通常互相锚入 l_a 的锚固长度。除了楼梯的钢筋工程量，楼梯体积和投影面积也是算量中不可缺少的工程量。

　　本案例难点在于剪刀式楼梯的计算规则，剪刀式楼梯没有休息平台，两侧楼梯都是直通上一楼层，和上层楼层板连接。此处和普通楼梯稍有差别。以计算投影面积为例，投影面积是否应该包含平台板，包含几块平台板，建议提量双方按照当地规则执行，或者提前明确约定。

第9章 汽车坡道案例解析

本工程为某地区高层民用建筑，该区域由 2 栋 20 层建筑及联合地下室组成。结构类型为框架剪力墙结构，建筑面积约 11377 m²。地下室为车库，车库入口处为 U 形旋转坡道。如图 9-1 所示。

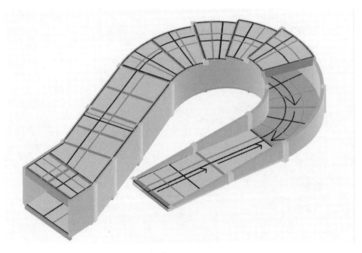

（a）模型三维

图 9-1 汽车坡道

本案例着重讲解此工程遇到的汽车坡道底板、坡道柱墙及坡道顶梁顶板的钢筋、混凝土、装修工程量的计算。本案例中的汽车坡道局部为平斜、螺旋结构，柱墙标高随底板标高而变化。实际工程中遇到此类汽车坡道如何建模将是本章重点讲解的内容。如图 9-2 所示。

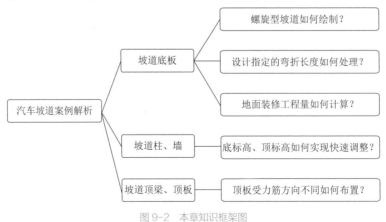

图 9-2 本章知识框架图

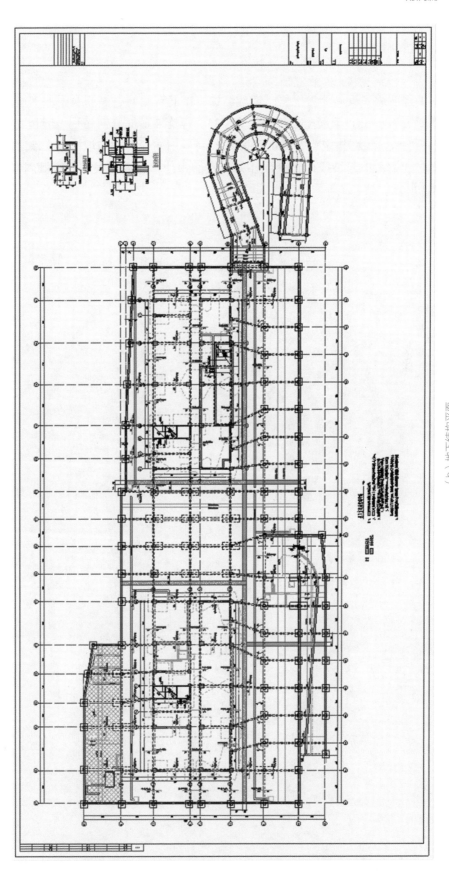

（b）地下结构平面

图 9-1 汽车坡道（续）

9.1 坡道底板

9.1.1 图纸分析

本工程坡道底板局部为平斜、螺旋结构，钢筋有底筋、面筋及附加钢筋。此工程坡道底板厚度为 400mm，混凝土强度等级为 C35。螺旋坡道部分钢筋是弧形和放射状，受力筋的弯折长度设计说明指定为 300mm。混凝土计算时主要考虑与坡道梁、墙之间的扣减。模板计算时还需考虑起坡线衔接处的扣减。底面积计算时需要根据底板倾斜实际情况考虑。如图 9-3 所示。

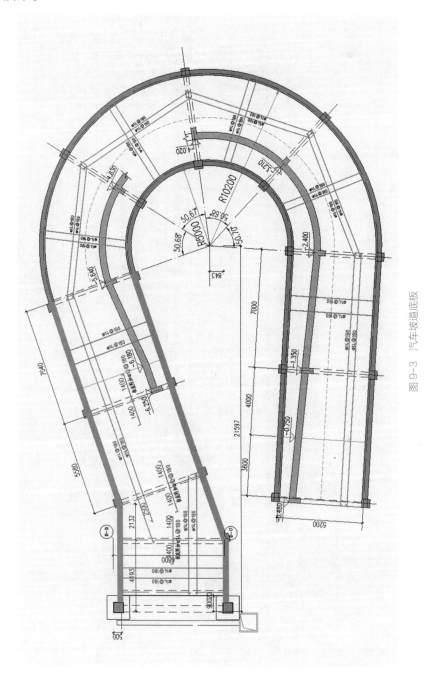

图 9-3 汽车坡道底板

9.1.2　算法分析

（1）钢筋：在计算钢筋工程量时需要计算长度及根数。

钢筋的长度＝锚固＋净长＋锚固。

根数＝布置范围/间距。

在图集22G 101—3中筏板基础在端部无外伸构造（图9-4），本案例在计算钢筋长度时的注意点为弯折长度是设计直接指定的300mm，难点是螺旋部分的钢筋长度和根数的确定。

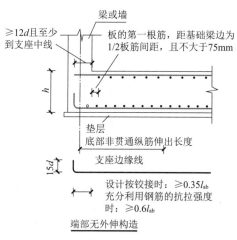

图 9-4　筏板基础端部无外伸构造

（2）混凝土：

本工程车库底板现浇混凝土工程量计算时按照《房屋建筑与装饰工程工程量计算规范》GB 50854—2013以体积计算。如图9-5所示。

项目编码	项目名称	项目特征	计量单位	工程量计算规则	工作内容
010501001	垫层				1.模板及支撑制作、安装、拆除、堆放、运输及清理模内杂物、刷隔离剂等。 2.混凝土制作、运输、浇筑、振捣、养护
010501002	带形基础	1.混凝土类别 2.混凝土强度等级	m³	按设计图示尺寸以体积计算。不扣除构件内钢筋、预埋铁件和伸入承台基础的桩头所占体积	
010501003	独立基础				
010501004	满堂基础				
010501005	桩承台基础				
010501006	设备基础	1.混凝土类别 2.混凝土强度等级 3.灌浆材料、灌浆材料强度等级			

图 9-5　《房屋建筑与装饰工程工程量计算规范》GB 50854—2013满堂基础现浇混凝土工程量计算规则

（3）模板：

本工程筏板基础模板工程量计算时按照《房屋建筑与装饰工程工程量计算规范》GB 50854—2013以接触面积计算，计算时需要考虑起坡点的侧模扣减。如图9-6所示。

项目编码	项目名称	项目特征	计量单位	工程量计算规则	工作内容
011703001	垫层	基础形状	m²	按模板与现浇混凝土构件的接触面积计算。 ①现浇钢筋混凝土墙、板单孔面积≤0.3m²的孔洞不予扣除，洞侧壁模板亦不增加；单孔面积>0.3m²时应予扣除，洞侧壁模板面积并入墙、板工程量内计算。 ②现浇框架分别按梁、板、柱有关规定计算；附墙柱、暗梁、暗柱并入墙内工程量内计算。 ③柱、梁、墙、板相互连接的重叠部分，均不计算模板面积。 ④构造柱按图示外露部分计算模板面积。 柱有关规定计算；附墙柱、暗梁、暗柱并入墙内工程量内计算	1.模板制作。 2.模板安装、拆除、整理堆放及场内外运输。 3.清理模板粘结物及模内杂物、刷隔离剂等
011703002	带形基础				
011703003	独立基础				
011703004	满堂基础				
011703005	设备基础				
011703006	桩承台基础				
011703007	矩形柱	柱截面尺寸			
011703008	构造柱				
011703009	异形柱	柱截面形状、尺寸			
011703010	基础梁	梁截面			
011703011	矩形梁				
011703012	异形梁				
011703013	圈梁				
011703014	过梁				
011703015	弧形、拱形梁				

图 9-6 《房屋建筑与装饰工程工程量计算规范》GB 50854—2013 满堂基础混凝土模板工程量计算规则

（4）底面积：

底面工程量按设计图示尺寸以面积计算，计算时的难点为坡道是平斜和螺旋形状的。

9.1.3　软件处理

使用广联达 BIM 土建计量平台 GTJ 时，第一种处理方式是通过筏板基础和螺旋板组合处理，第二种处理方式是直接用坡道处理。先看第一种处理方式，采用筏板基础绘制平斜部分，螺旋板绘制螺旋部分，如图 9-7 所示。

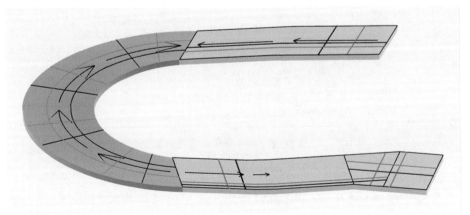

图 9-7　汽车坡道底板

筏板绘制时可以采用"直线"绘制异形的形状，然后使用"三点变斜"或"抬起点变斜"功能将平斜部分的坡道底部绘制完成。

筏板部分的钢筋根据图纸配筋布置双网双向 C14@180 的钢筋，然后调整"节点设置"中的"筏形基础端部无外伸上部钢筋遇墙构造"和"筏形基础端部无外伸下部钢筋遇墙构造"弯折长度为 300mm。如图 9-8 所示。

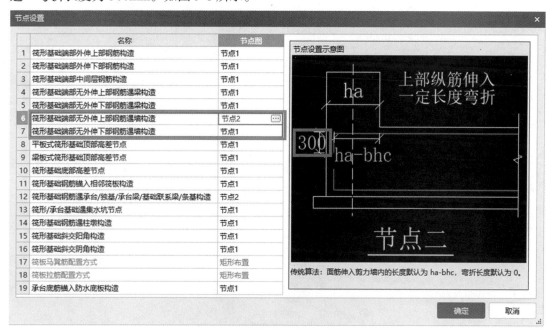

图 9-8　筏形基础端部无外伸钢筋遇墙构造节点

布置完钢筋后，点击"汇总计算"查看钢筋计算结果（图 9-9），与手算思路一致。

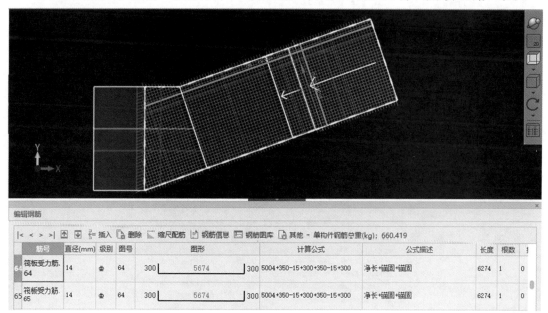

图 9-9　筏板受力筋计算结果

螺旋板定义时按照图纸输入"宽度"为5200mm，"内半径"为5000mm，"旋转方向"为顺时针（如果无法判断旋转方向可绘制模型后调整），"旋转角度"根据图纸输入，"横向放射底筋""纵向底筋""横向放射面筋"和"纵向面筋"均为C14@180。标高根据图纸定义即可。如图9-10所示。

图9-10　螺旋板属性定义

同样绘制完螺旋板后需要调整"节点设置"中的"板底钢筋伸入支座的长度"和"面筋伸入支座的锚固长度"，如图9-11所示。

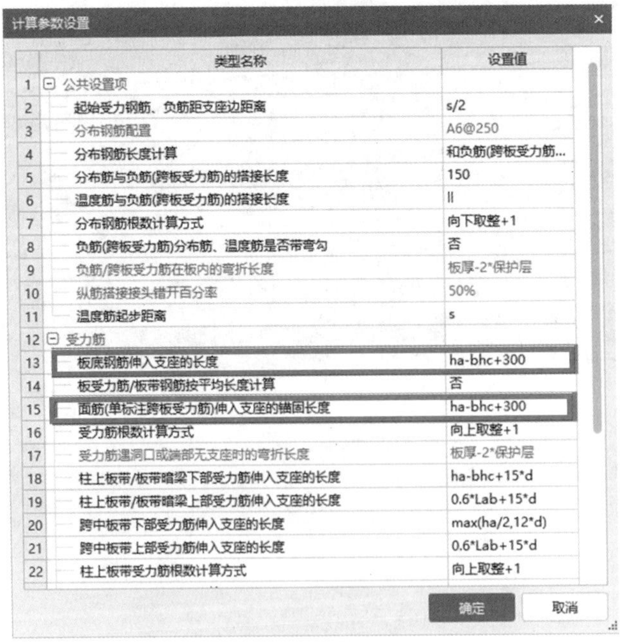

图9-11　螺旋板受力筋锚固长度调整

　　调整好相应节点后，只需要汇总计算，软件就能自动计算钢筋、混凝土、模板工程量。图 9-12 中坡道底板的底面装修工程量可以分为两部分来处理。使用螺旋板来绘制的部位，可以使用代码工程量中的"模板面积"，因为"模板面积"为底部面积（侧面会与其他构件扣减），"底面积"为顶部面积，它们的值是相同的。同理，使用筏板来绘制的部位可以使用代码工程量中的"底部面积"。

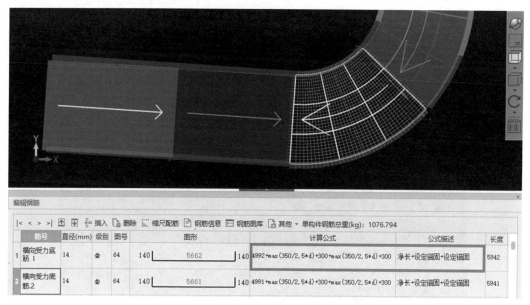

图 9-12　螺旋板受力筋计算结果

　　还有一种处理方式是直接使用坡道构件来绘制底板，绘制方法同板构件，新建构件后用直线、弧线根据 CAD 线进行绘制，如图 9-13 所示。

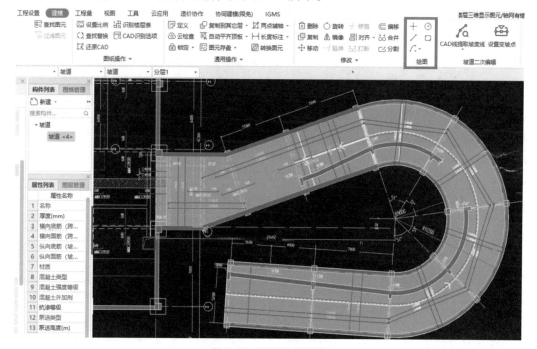

图 9-13　坡道绘制效果图

　　绘制完成后，可以根据需要对坡道进行分割，操作方法同板构件，然后根据图纸设置坡度线，本工程有 CAD 坡度线，可使用"CAD 线提取坡度线"选择坡道，再选择坡度线，如图 9-14 所示。

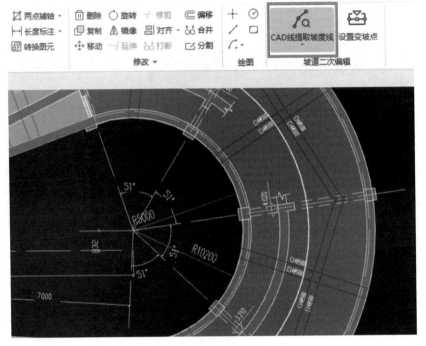

图 9-14　提取坡度线

　　选择完成后，会根据图纸信息匹配标高，为保证算量准确性，建议进行标高的核对，如有错误根据图纸信息调整即可，如图 9-15 所示。

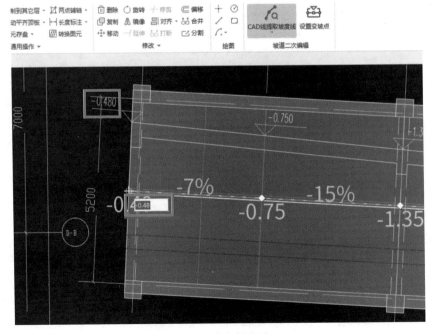

图 9-15　确定底板标高

如果坡道的坡度不一致，可以使用"设置变坡点"添加变坡点、编辑标高等，如图 9-16 所示。

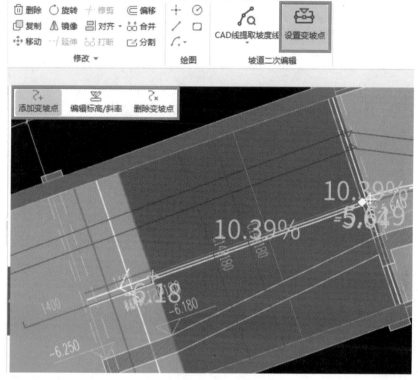

图 9-16　设置变坡点

坡道钢筋处理与板钢筋处理方式一致，此处不再赘述。

9.2　坡道柱、墙

9.2.1　图纸分析

本案例汽车坡道柱墙顶标高、底标高都不同，需要结合墙柱定位图及顶板结构图查看。如图 9-17 所示。

9.2.2　软件处理

在软件中关于柱墙构件的定义及绘制方法较为简单，本案例中不再赘述。主要为大家讲解柱墙构件绘制完成后如何调整标高。

（1）底标高：在筏板范围柱墙构件的底标高调整较为简单，只需要在属性中将"底标高"修改为"基础顶标高"或"基础底标高"即可。软件会自动根据底板标高自适应柱墙构件底标高。但是在螺旋板范围的柱墙需要根据螺旋板的标高手动调整"底标高"。

（2）顶标高：柱墙构件的顶标高可以将顶板绘制完成后使用"指定平齐板"功能统一调整。"指定平齐板"可以将选定的柱墙图元与指定的板图元顶平齐。

混凝土墙面的装修可以待墙标高调整完成后直接使用装修中的"墙面"点画布置即可。

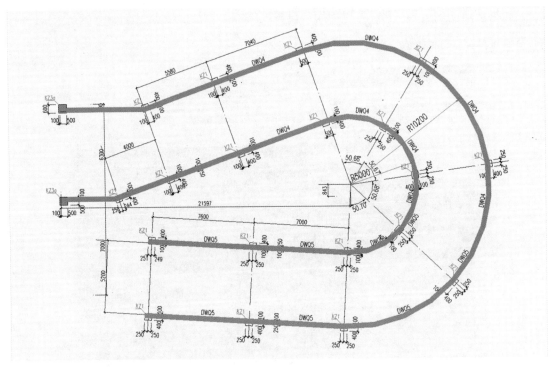

（a）汽车坡道柱墙

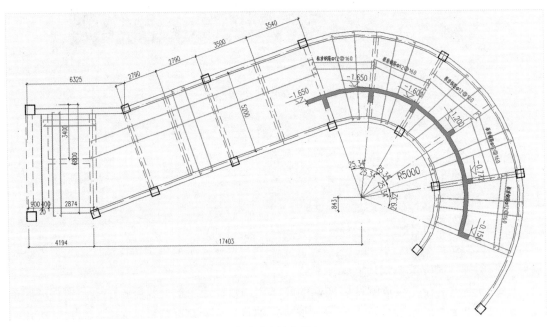

（b）汽车坡道顶板

图9-17 柱墙定位图

9.3 坡道顶梁、顶板

本案例汽车坡道的顶梁、顶板与普通楼层的梁板构件相同（图9-18）。处理起来相对简单，只需要注意弧形部分的顶板钢筋布置时水平筋采用"平行边"布置，垂直钢筋采用"弧线边布置放射筋"绘制。如图 9-19 所示。

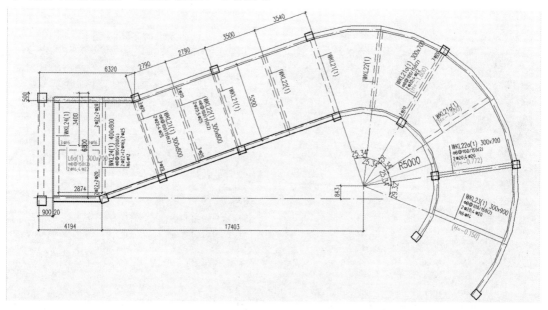

（a）汽车坡道顶梁

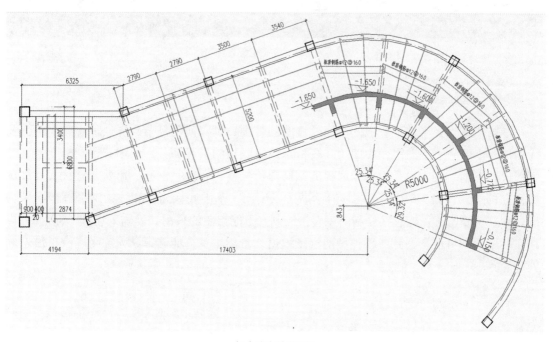

（b）汽车坡道顶板

图 9-18　汽车坡道顶梁顶板

　　汽车坡道顶板的装修，同顶棚装修。在"房间"文件夹下新建"天棚"构件，采用"点"画法布置到现浇板上即可。

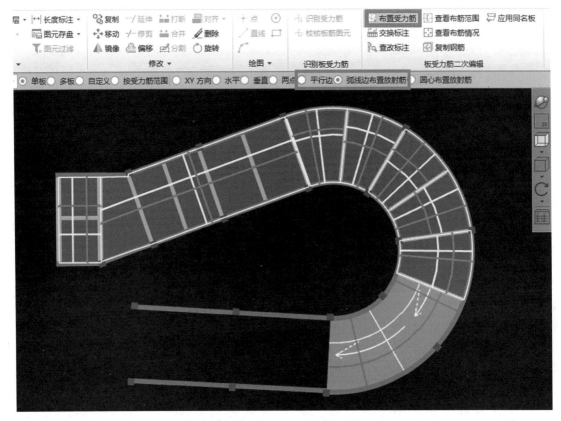

图 9-19　汽车坡道顶板布置受力筋

9.4　案例总结

　　本案例难点在于坡道底板的绘制及钢筋的处理，可以使用复杂构件处理思路中的"替代构件"来解决。在此案例中使用"筏板"绘制底板的平直部分，使用"螺旋板"绘制螺旋部分。在本工程中设计指定了底板的钢筋弯折长度，布置完钢筋后需要调整筏板和螺旋板钢筋的"计算设置"。另外柱墙的标高可以运用"基础底标高"和"指定平齐板"来快捷处理。装修工程量能直接绘制的就直接绘制，不能绘制的采用"代码工程量"提量即可。在实际工程中可能会遇到各种类型的汽车坡道，希望本章节能够帮助大家明确汽车坡道的处理思路。

第 10 章 复杂节点案例解析

本工程为某地区高层建筑,包含住宅、商业等功能;地上 35 层,总高度 103m,结构类型为剪力墙结构,建筑面积约 22 万 m²,复杂节点有 60 多个,含悬挑板,挑檐,栏板等。现阶段为了满足工程的功能性和美观性的要求,挑檐、天沟、栏板、悬挑板、压顶等构件种类繁多并且造型复杂、配筋多样,这就导致此类构件的钢筋、混凝土、模板、装修、防水、保温等工程量计算起来非常烦琐,是造价工作者算量的难点,如图 10-1 所示。

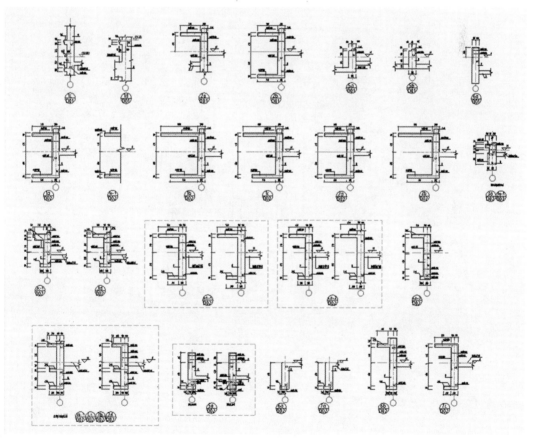

图 10-1 节点大样图

按照开篇提到的复杂构件处理流程,首先分析图纸,确定要计算的内容,翻阅清单规范明确计算规则,然后根据要计算的内容选择不同的方法进行工程量的计算,本章重点内容如图 10-2 所示。

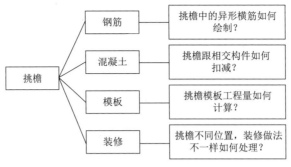

图 10-2　本章知识框架图

10.1　图纸分析

在实际工程中，需要计算挑檐、异形栏板等节点的土建量、钢筋量、保温防水等工程量，本章节讲解的节点大样属于复杂屋面结构，包含挑檐、栏板等多种构件，如图 10-3 所示。

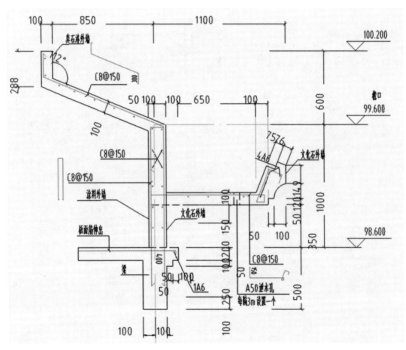

图 10-3　挑檐天沟节点大样

10.2　算法分析

1.《房屋建筑与装饰工程工程量计算规范》GB 50854—2013 中规定：挑檐、天沟按设计图示尺寸计算，雨篷、悬挑板、阳台板按设计图示尺寸以墙外部分体积计算，包括伸出墙外的牛腿和雨篷反挑檐的体积。另外挑檐、天沟、阳台、雨篷与板连接时应区分工程量计算的分界线。现浇挑檐、天沟板、雨篷、阳台与板连接时，以外墙外边线为分界线；与圈梁连接时，以梁外边线为分界线，外边线以外为挑檐、天沟、雨篷或阳台，如图 10-4 所示。

010505007	天沟（檐沟）、挑檐板		按设计图示尺寸以体积计算	1. 模板及支架（撑）制作、安装、拆除、堆放、运输及清理模内杂物、刷隔离剂等。2. 混凝土制作、运输、浇筑、振捣、养护
010505008	雨篷、悬挑板、阳台板	1. 混凝土类别 2. 混凝土强度等级	按设计图示尺寸以墙外部分体积计算。包括伸出墙外的牛腿和雨篷反挑檐的体积	
010505009	其他板		按设计图示尺寸以体积计算	

注：现浇挑檐、天沟板、雨篷、阳台与板（包括屋面板、楼板）连接时，以外墙外边线为分界线；与圈梁（包括其他梁）连接时，以梁外边线为分界线。外边线以外为挑檐、天沟、雨篷或阳台。

图 10-4　挑檐清单规则

2. 计算工程量时还应结合各地区的定额规定，比如某地区定额规定：屋面混凝土女儿墙高度 ＞ 1.2m 时执行相应墙项目，≤ 1.2m 时执行相应栏板项目。挑檐、天沟壁高度 ≤ 400mm，执行挑檐项目；＞ 400mm，按全高执行栏板项目，如图 10-5 所示。

15. 挑檐、天沟壁高度 ≤ 400mm，执行挑檐项目；挑檐、天沟壁高度 >400mm，按全高执行栏板项目。

18. 屋面混凝土女儿墙高度 >1.2m 时执行相应墙项目，≤ 1.2m 时执行相应栏板项目。

19. 混凝土栏板高度（含压顶扶手及翻沿），净高按 1.2m 以内考虑，超 1.2m 时执行相应墙项目。

图 10-5　某地区定额规则

3. 本案例中，女儿墙高度 1m，按照此地区定额规定，执行栏板项目；挑檐、天沟壁高度为 319mm，执行挑檐、天沟项目；结合以上内容分析出本案例中的节点由悬挑板、栏板、挑檐天沟三部分组成（图 10-6）。因为工程的复杂性和多样性，每个地区的定额规定各不相同，挑檐天沟的位置有的地区规则按照悬挑板 + 挑檐或栏板的方式处理，处理方法结合当地的定额规则进行灵活处理，本工程的解析按照悬挑板、栏板、挑檐、天沟的处理方式讲解。

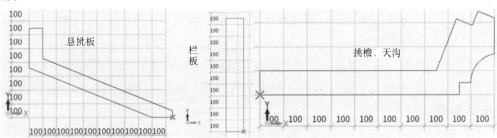

图 10-6　复杂节点列项解析

10.3   软件处理——挑檐替代处理

以上所有复杂节点，有两种常见的处理方式，第一种是用"挑檐"构件代替处理，第二种方式采用"自定义节点"。先为大家介绍第一种处理方式，用"挑檐"构件处理。

（1）"挑檐"构件钢筋可以通过"截面编辑"绘制纵筋及横筋，并且可以进行"钢筋三维"，钢筋计算一目了然。

（2）相交处自动延伸闭合。

（3）针对装修工程量，可通过万能装修"自定义贴面"进行布置，实现装修做法自由组合，材质纹理效果真实，任意面点画，智能布置让操作更加方便，大大提升工作效率。

（4）节点可以批量存档、提取，进行复用，具体操作流程如图 10-7 所示。

准备工作 ⟩ 建立截面 ⟩ 编辑钢筋 ⟩ 模型绘制 ⟩ 装修处理 ⟩ 规则调整 ⟩ 结果显示

图 10-7   复杂节点操作流程

10.3.1   准备工作

准备工作阶段主要是图纸的处理。图纸处理流程：添加图纸→分割图纸→设置比例→查找替换。

（1）添加图纸：将实际案例图纸添加到算量软件中。

（2）分割图纸：通过"手动分割"或"自动分割"的方式对图纸进行处理，分割出算量需要的图纸。需要注意，节点大样图需要单独进行分割。

（3）设置比例：为了保障后期出量准确，需要通过"设置比例"确定实际尺寸。由于大样图与平面图比例通常不一致，需要对分割后的大样图单独进行设置比例。

（4）查找替换：如果实际图纸中出现软件无法识别的文字内容、特殊符号等，可以通过"查找替换"进行修改，如图 10-8 所示。

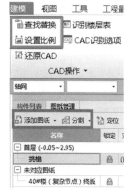

图 10-8   准备工作

10.3.2   建立截面

建立截面：软件中提供了建立异形截面的功能，有"从 CAD 选择截面图""在 CAD 中绘制截面图"和"设置网格"手工绘制三种方式，如图 10-9 所示。

（1）从 CAD 选择截面图：适用于截面线条能够形成封闭区域的大样，通过选择封闭的 CAD 线条完成截面建立。

（2）在 CAD 中绘制截面图：适用于截面线条没有形成封闭区域的大样，通过捕捉 CAD 线交点进行绘制截面图。

（3）"设置网格"手工绘制：适用于没有 CAD 图纸或截面形状比较规则的大样，通过"定义网格"，按大样图定位点，水平方向从左到右输入间距，用逗号隔开，垂直方向从下向上输入间距。

通过这些方法可以快速地建立模型，除此之外，软件中还有一些其他的功能，例如"一键标注"，通过标注能够直观地看到各部位尺寸。如果一个项目中有很多栋楼是一样的造型，此处的异形编辑支持"导出""导入"，方便下一个单位工程重复使用，如图10-9所示。

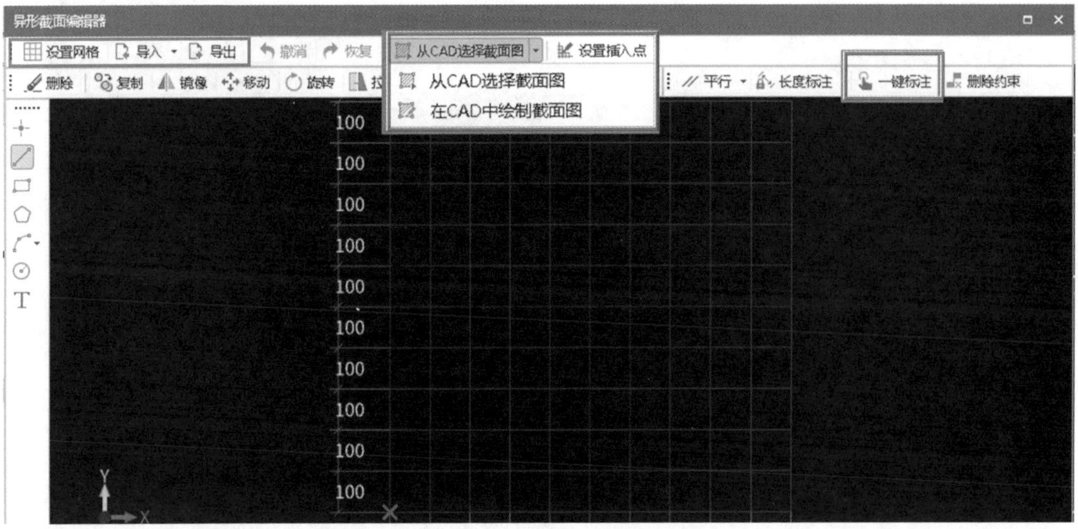

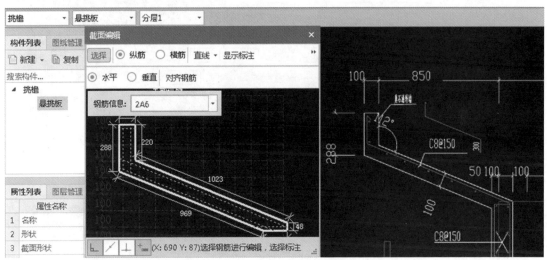

图 10-9 异形截面建立的三种方式

　　本案例工程的节点是由挑檐、栏板、悬挑板组成，因此在建立构件时应分成三个构件进行建立，注意区分构件名称，方便后期提量。同时需关注构件的属性（公有属性，私有属性），节点标高的准确性，以及插入点的设置，方便节点绘制，如图10-10～图10-12所示。

图 10-10 悬挑板截面建立

10.3.3 截面编辑

钢筋布置流程：截面编辑→绘制纵筋→绘制横筋→设置标高。

　　1. 绘制纵筋：点击属性列表左下角"截面编辑"按钮，进行钢筋布置，选择"纵筋"，软件提供"点""直线""三点画弧""三点画圆"四种布置方式。图纸钢筋信息直接给出根数的可使用"点"绘制（图10-13）；图纸中钢筋信息以间距呈现的使用"直线"绘制（图10-14）。工程中常使用"直线"绘制，直线绘制时如果"起点"和"终点"无须布置钢筋，可将"起点"和"终点"的"√"去掉再进行绘制。

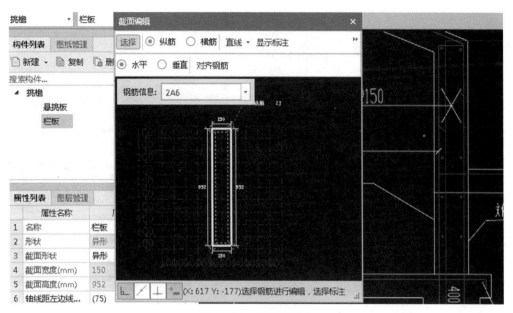

图 10-11　栏板截面建立

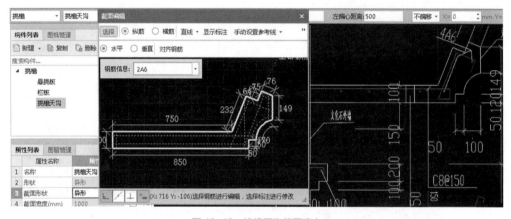

图 10-12　挑檐天沟截面建立

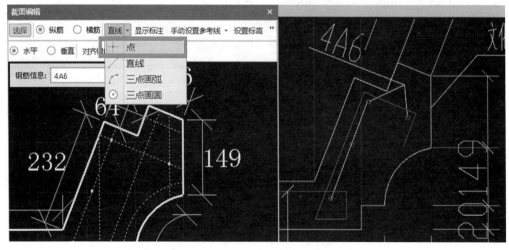

图 10-13　点画纵筋

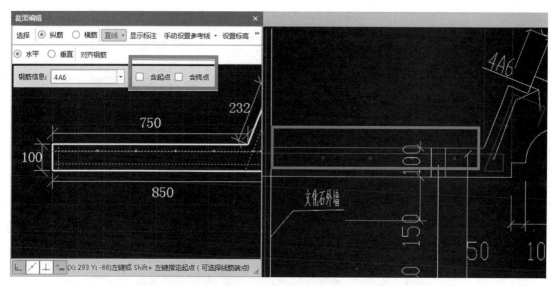

图 10-14   直线绘制纵筋

纵筋布置最终结果如图 10-15 所示。

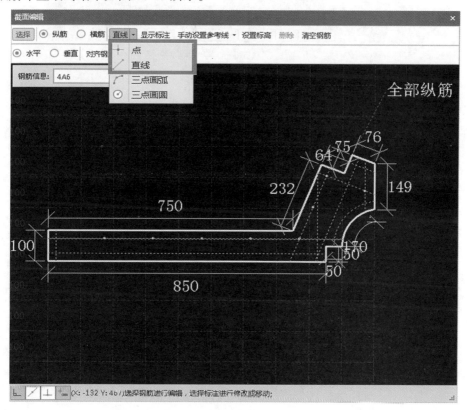

图 10-15   纵筋布置结果

2. 绘制横筋：横筋布置同样有"直线""矩形""三点画弧""三点画圆"四种布置方式。异形构件一般常用"直线"绘制，可以捕捉纵筋点或者参考线的交点（结合 Shift+ 鼠标左键），绘制结果如图 10-16 所示。

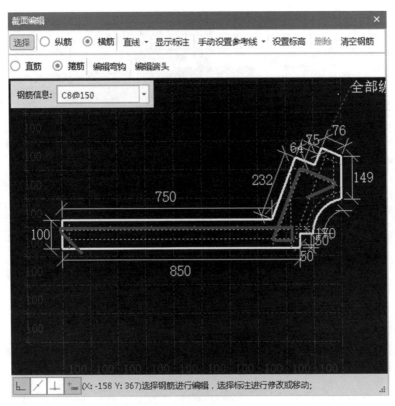

图 10-16　横筋布置结果

3. 绘制完成后可能与节点大样图不符，需要进行调整。比如本案例中挑檐横筋右侧弯钩角度为 90°，而软件默认为 135°，平直段位置左侧弯钩长度向上弯折 150 的长度，而软件默认计算一个弯钩值（图 10-17）这种情况如何调整呢？

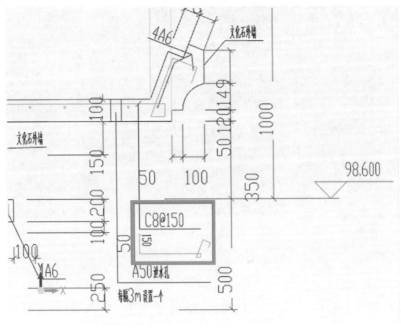

图 10-17　图纸弯折及弯钩要求

通过软件中"编辑弯钩"的功能可调整角度为 90°；"编辑端头"的功能可将左侧设置弯折长度为 150。"编辑端头"时，为了保证钢筋沿水平或者垂直方向布置，可启动编辑界面左下角的正交功能后再绘制，如图 10-18、图 10-19 所示。

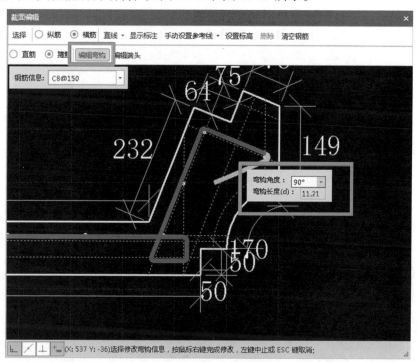

图 10-18　编辑弯钩

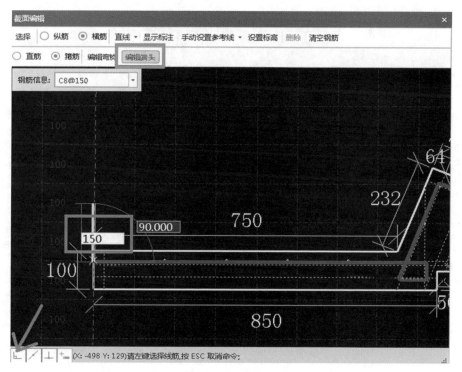

图 10-19　编辑端头

4. 设置标高：节点大样图上一般会在关键位置标注标高，软件提供"设置标高"功能，可以根据图纸标注在软件中设置标高，不需要手动计算构件顶标高。本工程挑檐底标高为98.6+0.35=98.95m，通过"设置标高"，选择底边输入相应高度，如图10-20、图10-21所示。

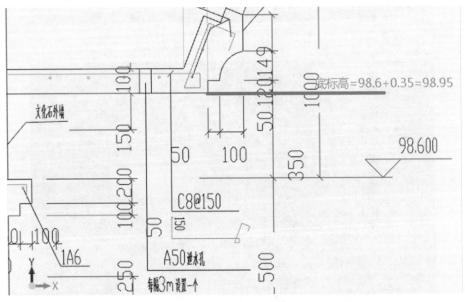

图 10-20　标高节点大样

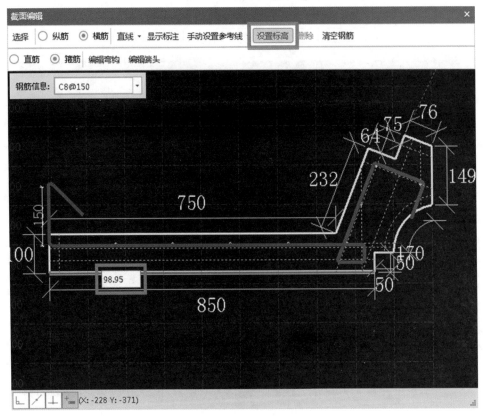

图 10-21　软件设置标高

同理绘制出悬挑板和栏板的钢筋，如图 10-22、图 10-23 所示。

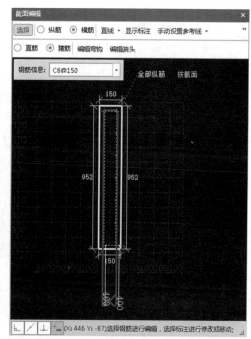

图 10-22　悬挑板截面图　　　　　　　　图 10-23　栏板截面图

10.3.4　模型绘制

模型绘制：软件提供"直线绘制""智能布置"（外墙外边线）两种绘制形式。绘制过程中可通过键盘上的"F4"改变插入点，有的电脑需要同时按下"Fn+F4"。绘制完成后如果方向不对，可以通过"调整方向"进行转换；同时注意捕捉点的选择保障各节点的准确性，绘制过程中转角处会自动延伸闭合保证算量的准确性，软件还提供了"局部三维"可清晰直观判断截面的准确性，通过这些方法可以快速准确地绘制模型，如图 10-24 所示。

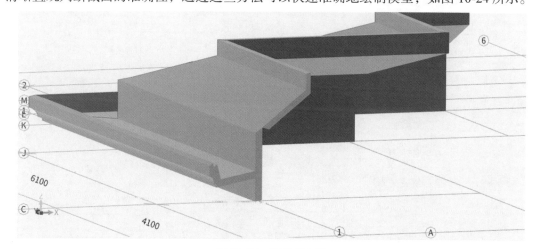

图 10-24　挑檐局部三维

10.3.5　装修处理

1. 对于比较复杂的挑檐，不同的部位装修做法不同，提量时比较麻烦，可以通过代码累加统计，如何更加清晰代码的含义呢？软件帮助文档中内置各个构件代码含义及代码所表示的位置，方便用户清晰代码，准确提量，如图 10-25 所示。

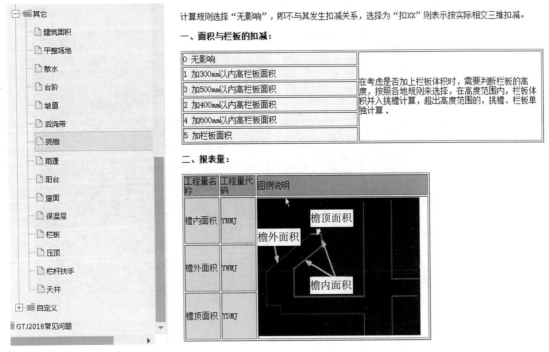

图 10-25　挑檐装修代码

2. 除提取代码外，还可以使用"自定义贴面"功能快速处理节点的装修及防水等。

（1）图纸中挑檐装修需要布置三种：真石漆外墙、文化石外墙、涂料外墙，如图 10-26 所示。

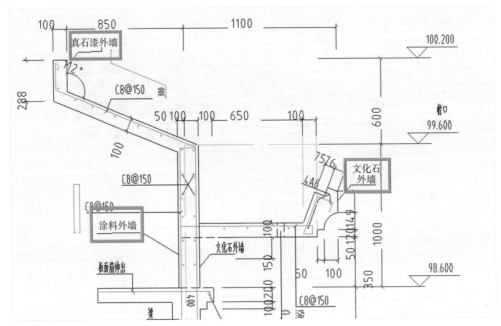

图 10-26　节点装修

（2）在"自定义贴面"构件下"新建"对应墙面；选择对应的"做法类型"，装修做法自由组合；修改"显示样式"中"材质纹理"属性，材质纹理效果真实，如图10-27所示。

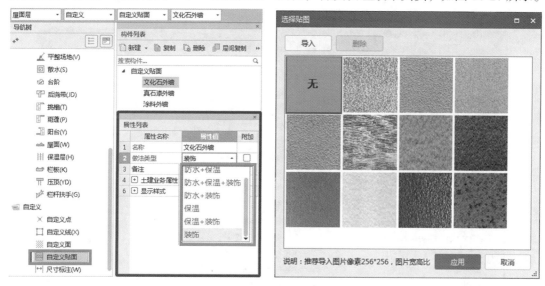

图 10-27　自定义贴面新建及材质纹理

（3）支持动态三维下任意面"点"画，还可以通过"智能布置"快速按照截面图布置各个位置处的做法，如图10-28所示。

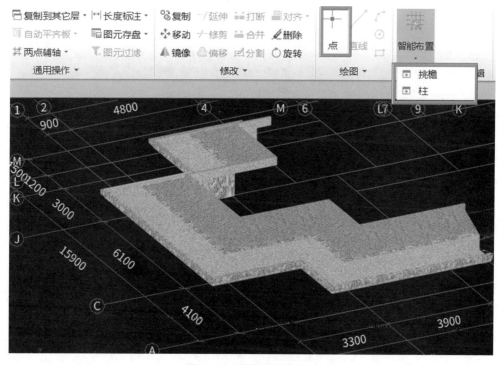

图 10-28　挑檐装修软件操作

注："自定义贴面"可以在柱、梁、挑檐、栏板、压顶、自定义线、自定义节点构件上布置。

10.3.6　规则调整

规则调整：软件内置自定义贴面及挑檐计算规则，可以根据实际需要进行调整从而准确出量，如图 10-29、图 10-30 所示。

图 10-29　自定义贴面计算规则

图 10-30　挑檐计算规则

10.3.7　汇总查量

汇总查量：汇总计算后，可以查看构件土建部分、钢筋部分及自定义贴面的工程量，如图 10-31 所示。

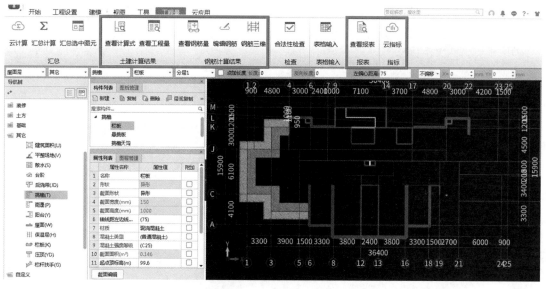

图 10-31　查看工程量

（1）软件提供过程查量和结果查量，做到有证可依，有据可查。过程查量时通过"钢筋三维"以及"编辑钢筋"功能可形象直观地查看钢筋量，如图 10-32 所示。

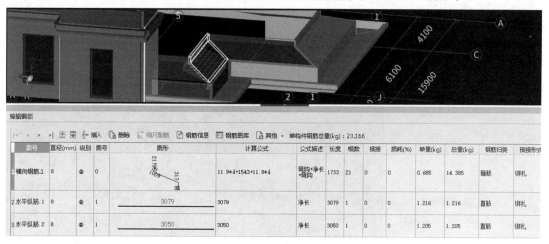

图 10-32　钢筋明细

（2）通过"查看工程量计算式"及"查看三维扣减图"功能清晰查看土建工程量，如图 10-33 所示。

（3）对于结果查量，进行汇总计算后通过"工程量"模块中"查看报表"，可查看各种"钢筋报表量"和"土建报表量"，还可通过"设置报表范围"选择需要输出的工程量。

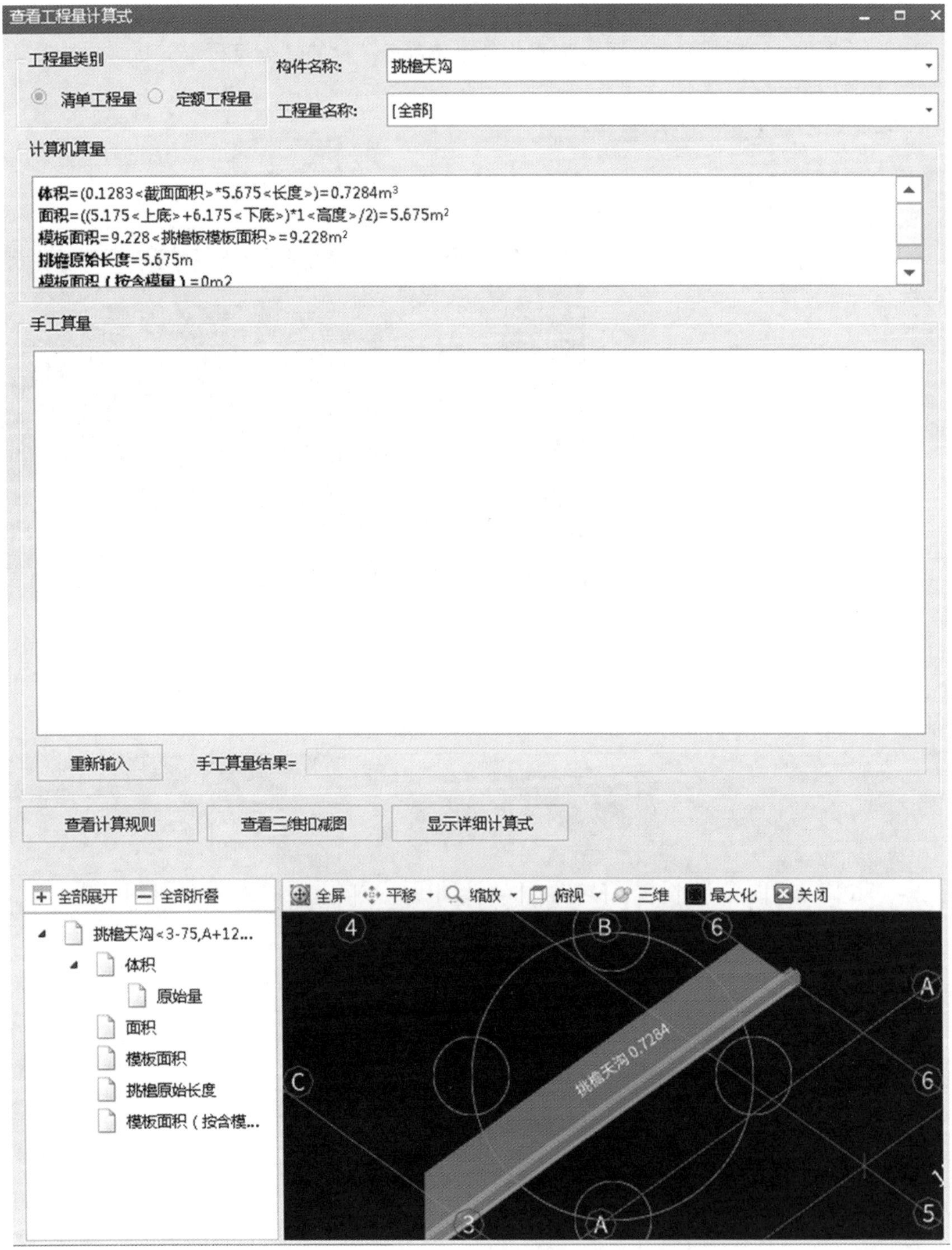

图 10-33　土建工程量计算式

10.4　软件处理——自定义节点

第二种常用的节点处理方式是使用"自定义节点"处理，用"自定义节点"处理异形节点有以下优势：

1. 截面形状上

（1）支持一个或多个、连续或非连续截面的手动绘制，也可绘制空腔截面，无图纸情况下也能完成轮廓创建。

（2）支持智能识别 CAD，提取节点轮廓线，可按照图层识别、按照单图元选择、按照颜色选择，快速完成轮廓创建。

（3）按照图纸要求，自定义插入点位置，灵活设置插入点标高。

2. 钢筋编辑上

（1）支持 CAD 智能识别点筋、线筋位置及标注信息，快速创建钢筋。

（2）支持手动点式、画线、选线布置点筋；手动画线布置线筋。

（3）结果检查，方便查改识别结果。

3. 构件拆分上

（1）支持按照设计或定额要求拆分截面，操作便捷易用。

（2）支持对拆分的不同子截面设置其计算类别，子截面灵活出量。

（3）拆分后构件按照归属构件的计算方法，并且工程量会自动归于对应构件。

10.4.1　建立截面

建立截面前需要先完成图纸处理，方法同本书 10.3.1 准备工作的内容，此处不再赘述。

1. 新建自定义节点

新建完成后会自动弹出"编辑自定义节点"对话框，点击"框选图纸"功能，可以将 CAD 图纸中想要处理的节点图纸单独框选出来，可以在此处进行设置比例、旋转图纸等操作，如图 10-34 所示。

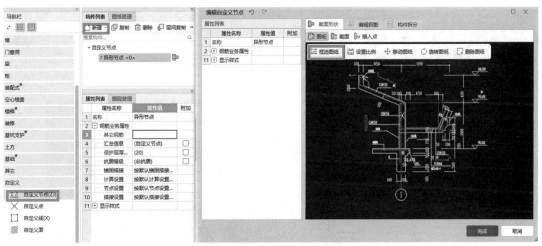

图 10-34　新建自定义节点

2. 生成截面

图纸处理完成后点击"截面"，通过"选择轮廓"功能可以按图层或者按颜色快速选取节点轮廓。如果选择不全，可以使用"单图元选择"或"绘制轮廓"进行补充，选择完成后，点击"生成截面"即可完成节点的截面建立，如图 10-35 所示。

图 10-35　自定义节点生成截面

10.4.2　编辑钢筋

在编辑自定义节点对话框中，点击"编辑钢筋"，进入钢筋编辑界面，点击"识别钢筋"，根据左下角的提示选择钢筋线，可按图层快速选择，选择不全的可以用"单图元选择"进行补充，选择完成后点击鼠标右键进行确认，然后再根据提示选择钢筋信息，点击鼠标右键确认选择，此时会根据所选钢筋线和标识自动生成钢筋，并进行钢筋结果的检查，信息匹配不对的可以直接在"钢筋信息"处修改，如图 10-36 所示。

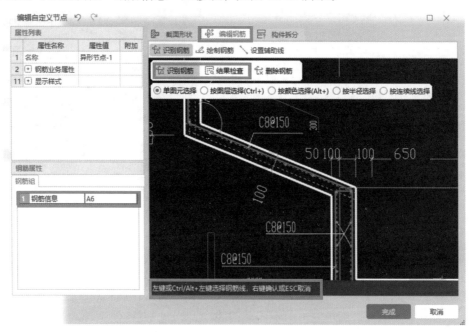

图 10-36　自定义节点编辑钢筋

10.4.3　构件拆分

在编辑自定义节点对话框中，点击"构件拆分"，再点击"手动拆分"，然后选择拆分的起点和终点，把完整的节点进行拆分，拆分后可以根据需要选择计算类别，比如右侧的挑檐天沟，拆分后在左侧属性中修改"计算类别"为挑檐，此部分会按照挑檐计算，如图 10-37 所示。

图 10-37　自定义节点构件拆分

10.4.4　模型绘制

为了方便绘制，在编辑自定义节点对话框中，"截面形状"界面可以设置插入点及插入点的标高，如图 10-38 所示。

图 10-38　自定义节点设置插入点及其标高

设置完成后，采用"直线绘制"，根据平面图进行图元绘制，绘制完成效果如图 10-39 所示。

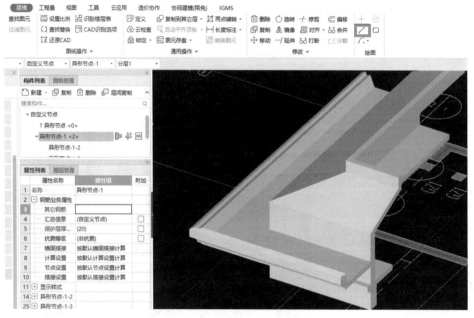

图 10-39 自定义节点模型绘制

10.4.5 装修处理

自定义节点的装修处理和挑檐的装修处理是相同的，都是采用"自定义贴面"功能进行装修布置，详细内容可参照本书 10.3.5，此处不再赘述。布置完成后即可汇总计算并查看工程量。

10.5 构件复用

软件对于已经新建完成的构件和已经绘制完成的图元都可以进行重复利用，可以利用软件提供的"层间复制"，进行本工程同构件的重复利用；构件列表中的"存档"及"提取"功能，可以将构件的属性、截面信息及做法等进行存档和提取，实现同一工程及不同工程之间构件的复用；"图元存盘"和"图元提取"可以实现图元及构件属性同时存档和提取，实现同一工程或不同工程快速建立相同构件图元，也可实现多人合作，提高工作效率，如图 10-40 所示。

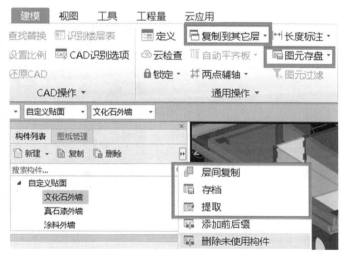

图 10-40 构件图元复用

10.6　案例总结

实际工程中，所有复杂造型处理均可遵循以下流程进行解决：

（1）分析图纸：主要分析图纸的特点，为精准算量做准备。

（2）确定算量内容：即列项。需要注意的是，由于地区定额的差异，实际列项内容需要结合本地定额计算规则进行确定。

（3）工程量计算：对于确定的算量内容，除了使用软件提供的对应构件以外，还可以使用其他构件进行替代。比如本案例中，节点可以采用异形挑檐进行构件绘制。

（4）构件替代的原则及注意事项：要以结果为导向来选择替代的构件，保证所选构件可以做到以下三点：①快，节约算量时间；②准，计算规则、扣减规则、钢筋构造等与图纸高度相似或者可以进行调整，保证算量准确；③精，结果及过程可追溯，为后期对量核量做准备。

人防及新工艺篇

第11章 人防门框墙案例解析

人防也就是人民防空，是政府动员和组织人民群众防备敌人空中袭击、消除后果采取的措施和行动，简称人防。人防工程包括为保障战时人员与物资掩蔽、人民防空指挥、医疗救护等而单独修建的地下防护建筑，以及结合地面建筑修建的战时可用于防空的地下室。人防工程不同于普通地下室。普通地下室是为稳定地上建筑物或实现某种用途而建的，没有防护等级要求。防空地下室是根据人防工程防护要求专门设计的。一般顶板、墙、地板都比普通地下室更厚实、坚固，除承重外还有一定抗冲击波和常规炸弹爆轰波的能力，防震能力要比普通地下室好。

在建筑专业中，主要计算的人防是建筑人防，除此以外还有安装人防。在建筑人防中，又有多种人防构件，比如人防柱、人防梁、人防楼梯等，其中最特殊的就是人防门框墙。

在计算人防门框墙工程量的过程中，需要计算哪些工程量呢？首先是钢筋工程量，钢筋部分需要计算水平筋、垂直筋、箍筋、拉筋等；其次是模板及混凝土工程量；最后还需要处理抹灰、涂料、保温防水等。其中模板、混凝土及其他工程量处理方式与普通剪力墙相同，所以本章主要讲述人防门框墙钢筋的处理，这也是在实际业务中的难点。

在处理人防门框墙钢筋时主要参考人防门框墙标准图集《钢筋混凝土门框墙》07FG04（以下简称图集 07FG04），图集中人防门框墙按照构造样式不同分为 1 型两侧悬臂式、2 型一侧悬臂一侧柱式、3 型两侧柱式，如图 11-1 所示。

6.门框墙类型

防护密闭门门框墙分为1型两侧悬臂式、2型一侧悬臂一侧柱式、3型两侧柱式三种类型。平面示意见图1。

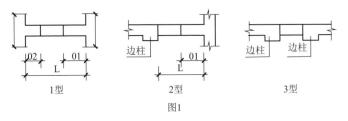

1型　　　　2型　　　　3型

图1

图 11-1　图集 07FG04 第 2 页

1. 两侧悬臂式

两侧悬臂式的左右侧配筋形式与暗柱配筋类似（图 11-2），包括纵筋、箍筋、拉筋。

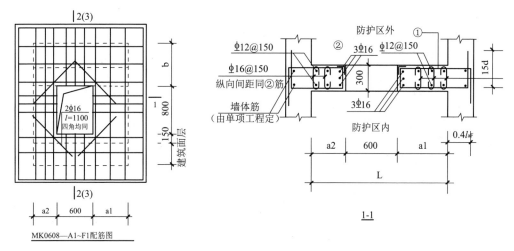

图 11-2　两侧悬臂式人防门框墙左右侧构造

　　悬臂式人防门框墙上下部（剖面）有两种形式：带卧梁（3-3）和不带卧梁（2-2），如图 11-3 所示。

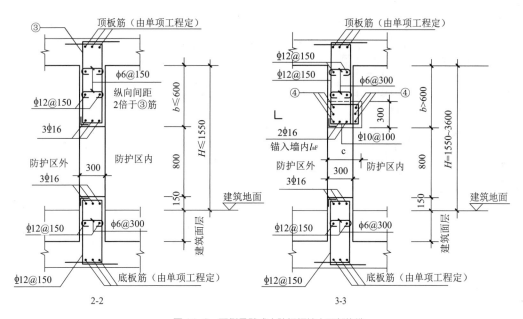

图 11-3　两侧悬臂式人防门框墙上下部构造

2. 一侧悬臂一侧柱式

　　一侧悬臂一侧柱式人防门框墙左右侧构造，柱式一侧配筋与柱配筋类似，悬臂一侧配筋与暗柱配筋类似（图 11-4），上下部配筋与两侧悬臂式相同，分为带卧梁及不带卧梁两种。

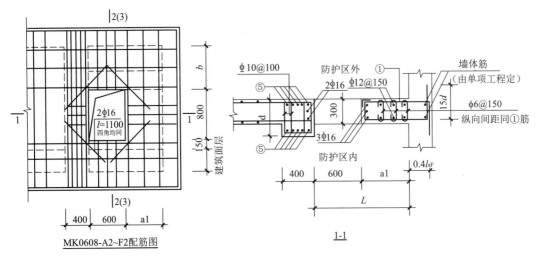

图 11-4　一侧悬臂一侧柱式配筋构造

3. 两侧柱式

　　两侧柱式的配筋构造，左右侧配筋构造均与柱配筋类似（图 11-5），上下部构造与两侧悬臂式类似，分带卧梁与不带卧梁两种。

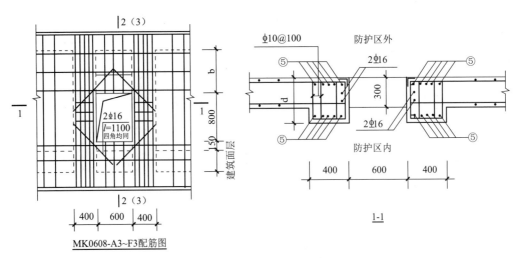

图 11-5　两侧柱式配筋构造

4. 悬板活门式

　　除以上几种形式以外，人防门框墙还有一种特殊构造，悬板活门式（图 11-6）。悬板平时处于开启状态，当冲击波抵达时，依靠冲击波风压关闭悬板，消减阻挡冲击波对人防区内人员的伤害。

　　本人防工程为附建式甲类人防地下室，位于地下二层，平时为地下车库，战时为二等人员掩蔽部，防护等级为核 6 级、常 6 级，基础类型为筏板基础、独立基础和条形基础组合。本案例涵盖了图集中所有的门框墙类型及图集中没有的特殊构造，本章主要讲解两侧悬臂式及悬板活门式人防门框墙的钢筋计算，本章内容如图 11-7 所示。

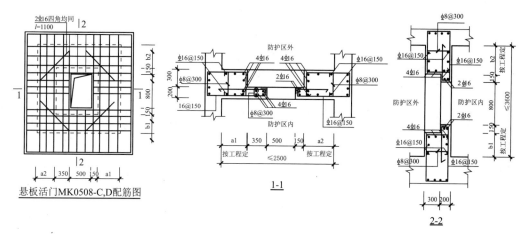

图 11-6　悬板活门式配筋构造

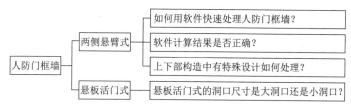

图 11-7　本章知识框架图

11.1　悬臂式人防门框墙

11.1.1　图纸分析

本工程以悬臂式、上下构造为带卧梁式的 FMK2 为例讲解人防门框墙的钢筋计算思路及软件处理方法。人防门框墙配筋表如图 11-8 所示。

门框编号	洞口尺寸(BxH)	洞底标高(m)	板顶标高(m)	墙厚t	尺寸							
					a1	a2	b	c	dxf	h1	h2	h3
FMK1	1000x2000	−12.050	−7.000	300	400	250	2800	300		底板厚	建筑面层	250
FMK2	1200x2000	−12.200	−6.900	300	950	600	3050	350		底板厚	建筑面层	250
FMK3	1200x2000	−12.200	−6.900	300	500	300	3050	300		底板厚	建筑面层	250

配筋					水平剖面型式	门槛类型	荷载类型
①	②	③	④	⑤			
Φ12@150	Φ12@150	Φ14@150	3Φ18		1a--1a	固定门槛	B型
Φ16@100	Φ14@150	Φ14@150	3Φ22		1a--1a	活门槛	D型
Φ12@120	Φ12@150	Φ14@150	3Φ22		1a--1a	活门槛	D型

图 11-8　人防门框墙 FMK2 配筋信息

从表中可以看出 FMK2 的水平剖面是 1a-1a（图 11-9），左右侧为两侧悬臂式配筋。门槛类型为活门槛（图 11-10），上部配筋构造为带卧梁式配筋，下部配筋构造比较特殊，在图集中没有相应构造。

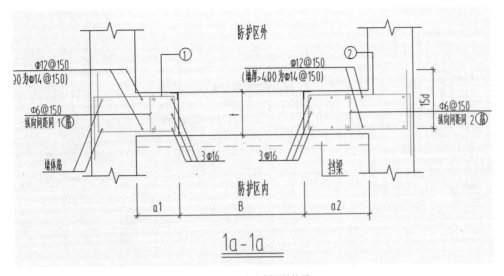

图 11-9 左右侧配筋构造

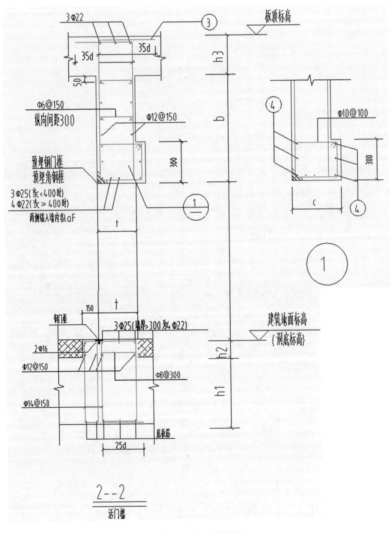

图 11-10 门槛类型

11.1.2　算法分析

1. 左右侧构造

（1）箍筋：两侧悬臂式人防门框墙的箍筋与普通暗柱不同，箍筋不是闭合箍筋，在墙端弯折15d，沿着人防门框墙的高度计算箍筋数量。

（2）纵筋：纵筋长度计算与暗柱纵筋类似。

①基础锚固：基础锚固长度可参考图集《防空地下室设计荷载及结构构造》07FG01（以下简称图集07FG01）（图11-11），以内墙为例，纵筋锚入底板弯折一定长度，弯折长度与竖向高度（底板厚度）相关，满足表格中的要求。

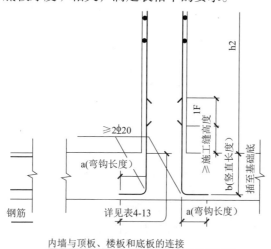

表4-13　内墙插筋锚固竖直长度与弯钩长度对照表

竖直长度b	弯钩长度a
≥0.5 l_{aF}	12d 且≥150
≥0.6 l_{aF}	10d 且≥150
≥0.7 l_{aF}	8d 且≥150
≥0.8 l_{aF}	6d 且≥150

内墙与顶板、楼板和底板的连接

图11-11　纵筋弯折长度（图集07FG01第58页）

注：l_{aF}是人防结构钢筋最小锚固长度，如图11-12所示。

表3　钢筋最小锚固长度 l_{aF}

混凝土强度等级		C30		C35		≥ C40	
钢筋直径		$d \leqslant 25$	$d > 25$	$d \leqslant 25$	$d > 25$	$d \leqslant 25$	$d > 25$
钢筋种类	HRB235	25d		23d		21d	
	HRB335	31d	34d	29d	31d	26d	29d
	HRB400	37d	41d	34d	38d	31d	34d

图11-12　人防钢筋最小锚固长度规定（图集07FG04第5页）

②顶层锚固：顶层锚固长度与普通柱构件类似，锚固长度可参考图集07FG04中关于锚固长度的说明（图11-13），满足直锚则不小于l_{aF}，不满足直锚深入顶板弯折15d（直线段≥$0.4l_{aF}$，用来控制设计尺寸）。

9.5　悬臂板、梁、柱其水平或纵向受力钢筋（受拉钢筋）伸入支座
（墙、顶板、底板）的锚固长度，当采用直线锚固形式时，不应小于l_{aF}（见表3）；如直线段小于l_{aF}时，可采用直线段大于或等于$0.4l_{aF}$,弯折长度15d的锚固方式，其余钢筋伸入支座的长度不应小于15d。

图11-13　人防墙锚固长度（图集07FG04第4页）

2. 上下部构造构造

上部构造为带卧梁式构造，卧梁钢筋有纵筋及箍筋，卧梁的上部构造还需计算纵筋、外部非闭合箍及拉筋。纵筋的锚固同样参考图集中关于锚固长度的规定，箍筋按照人防门框墙的宽度进行根数计算。本工程中关于拉筋的排布均按梅花形布置方式（图 11-14）。下部构造属于特殊构造（图 11-10），左边是箍筋构造，右边类似于不带卧梁构造。

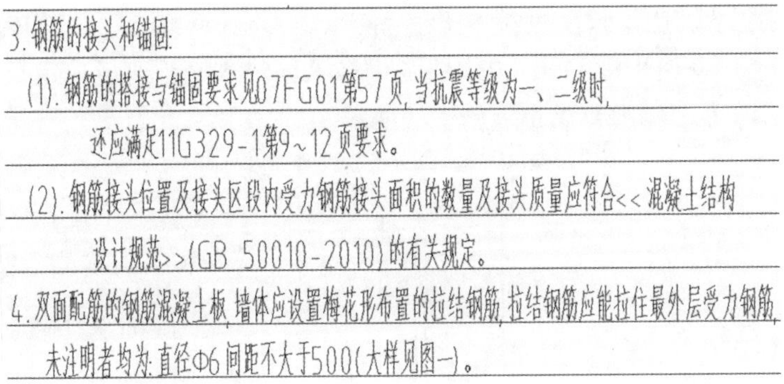

```
3.钢筋的接头和锚固：
  (1).钢筋的搭接与锚固要求见07FG01第57页,当抗震等级为一、二级时,
      还应满足11G329-1第9～12页要求。
  (2).钢筋接头位置及接头区段内受力钢筋接头面积的数量及接头质量应符合<<混凝土结构
      设计规范>>(GB 50010-2010)的有关规定。
4.双面配筋的钢筋混凝土板,墙体应设置梅花形布置的拉结钢筋,拉结钢筋应能拉住最外层受力钢筋。
  未注明者均为：直径Φ6间距不大于500(大样见图一)。
```

图 11-14　拉筋梅花形布置

11.1.3　软件处理

1. 左右侧构造

软件中提供人防门框墙构件，可以直接处理人防门框墙，新建人防门框墙，输入基本属性（洞口及洞口加强筋），选择相应的左侧构造、右侧构造、上部构造、下部构造，如图 11-15 所示。

（1）洞口宽度和高度直接按照图纸表格（图 11-8）中参数输入。

（2）洞口加筋参数和长度图纸已经给出（图 11-16），墙厚为 300，软件中输入根数为单边根数即 2C16，计算时软件自动乘以 4。

（3）人防门框墙配筋表中给出洞底标高，结合大样图（图 11-10），修改底标高为基础底标高（基础为筏板基础，厚度为 600）。

图 11-15　新建人防门框墙

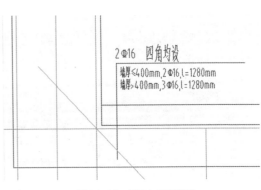

图 11-16　洞口加强筋信息

（4）FMK2 左右侧为两侧悬臂式（图 11-9），软件中左右侧构造默认为悬臂式—1，可以点击属性值中的三个小点，默认的悬臂式与图纸相同，可以直接修改信息，如果不相同，可以点击"选择截面类型"修改为对应的截面类型，以左侧构造为例：

①修改尺寸信息：H 可以自动读取墙厚，可以不输入；从配筋表中读取 a1 值为 950；墙厚 t 为 300（墙厚两侧的数值不影响钢筋量，不需要修改），如图 11-17 所示。

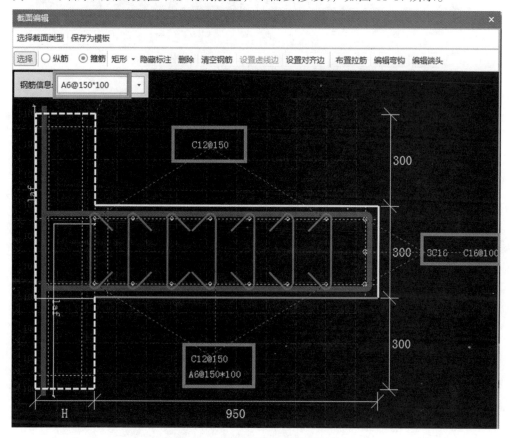

图 11-17　修改人防门框墙尺寸及钢筋信息

②按照图纸修改钢筋信息：

a. 结合大样图（图 11-9）及配筋表（图 11-8），右侧端部配筋为 3C16；

b. 内外侧纵筋分别为 C12@150；

c. 左侧墙内纵筋为剪力墙钢筋，点击"纵筋"，选中左侧三根钢筋，"删除"钢筋，软件自动按剪力墙的配筋信息布置；

d. 拉筋信息在水平方向上是 150，纵向间距与 1 号钢筋相同为 100，需要修改拉筋信息，选中拉筋信息，在钢筋信息框中输入 A6@150*100；

e. 1 号钢筋为 C16@100，图纸中 1 号钢筋锚入墙内弯折 15d，参数图中默认锚入墙内 laf 为 46d（图 11-17），可以修改 laf 为具体的数值（墙厚 − 保护层 +15d=250−20+15×16=470）；

f. 右侧构造的修改与左侧方法相同。

（5）绘制后汇总计算，查看钢筋三维及编辑钢筋，如图 11-18 所示。

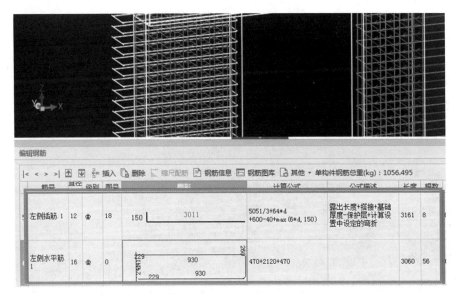

图 11-18　左右侧构造钢筋结果

① 插筋在基础中的弯折长度为 Max（6d，150），软件中弯折长度按规范进行设置，与基础的厚度相关，软件设置参考图集 07FG01（图 11-11），软件中插筋的弯折长度可以通过人防门框墙的"计算设置"进行修改，如图 11-19 所示。

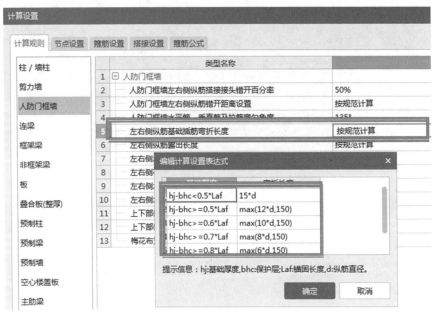

图 11-19　基础插筋构造

②左右侧钢筋按照参数图中锚固数值（470）进行计算，根数按照左右侧人防门框墙的高度进行计算，与算法分析中计算方式相同。

2. 上部构造

FMK2 的上部构造为带卧梁式，点击上部构造的属性值，点击"选择截面类型"，选择与本工程大样图最接近的有卧梁式—4 节点，如图 11-20 所示。

（1）尺寸信息输入：本工程中 FM-K2 的上部构造，卧梁下的尺寸为 0，但目前的版本中无法输入 0，可以输入 1（后面版本会改进）；H 为顶板厚度，不需要修改，软件会自动识别板厚；其他尺寸按大样图结合配筋表分别输入。

（2）钢筋信息输入：

①拉筋信息的修改：拉筋的横向排布为 150，纵向间距为 300（图 11-10），修改钢筋信息时，选中拉筋，在钢筋信息中修改为"A6@150×300"，由于这个是上部构造的剖面图，所以截面编辑中显示是竖向钢筋的间距 300，而左右部显示的是横向间距；无论是左右侧构造还是上下部构造，拉筋的信息输入格式均相同：钢筋级别 + 钢筋直径 + 横向间距 × 竖向间距；

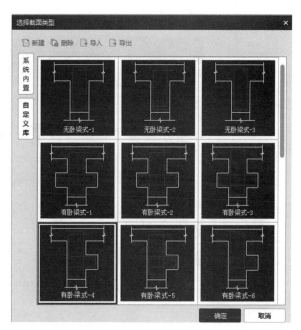

图 11-20　选择截面类型

②锚固值的修改：大样图中是上部构造的外箍深入顶板弯折 35d，参数图中默认深入顶板内 l_{af}，将 l_{af} 修改为具体数值 = 板厚 h_3− 保护层 +35d=250−20+35×14=720；

③ 其他钢筋的修改结合大样图和配筋表分别修改，不需要的钢筋，选择钢筋删除即可。

（3）设置对齐边（图 11-21）：为了保障上下部构造相对位置准确，需要设置对齐边。对齐边可以选择俯视时上部构造和下部构造在同一条竖线的边作为对齐边。

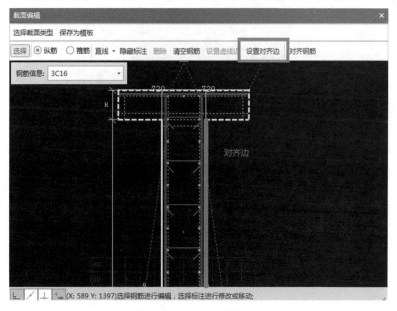

图 11-21　设置对齐边

（4）绘制后查看钢筋三维及编辑钢筋，如图 11-22 所示。

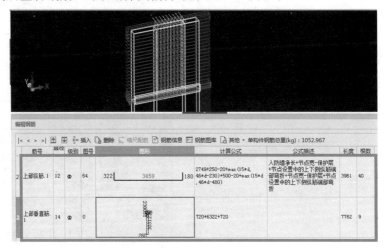

图 11-22　上部构造软件计算结果

①上部垂直筋按照修改的锚固长度（720）进行计算，与参数图中修改的一致；

②上部纵筋深入墙内长度为 250–20+Max（15d，46d–230）；实际上就是要同时满足深入墙内 l_{af}（46d）和深入墙对边弯折 15d，这个计算结果也符合前面的算法分析中关于锚固的规定（图 11-13）。同时软件中也有关于上部钢筋的锚固节点设置，如图 11-23 所示；

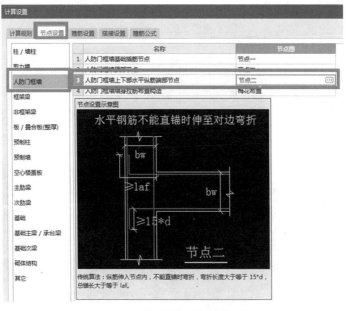

图 11-23　上下部水平钢筋端部节点

③拉筋软件默认按梅花形布置（节点设置中可以修改）计算根数（图 11-23），与本工程说明（图 11-14）一致，不需要调整。

3.下部构造

（1）下部构造不属于标准图集中的构造，属于特殊构造，对于特殊构造，软件在选择截面类型时，可以选择"系统内置"下方的"自定义库"（图 11-20）→新建→设置网格（图 11-24）→直线绘制→确定→绘制钢筋。

图 11-24　设置网格

（2）在绘制钢筋时，可以通过点画确定好角筋，然后直线布置边筋，拉筋绘制时通过"布置拉筋"功能，钢筋信息中输入两个方向的间距，选择纵筋右键确定即可，如图 11-25所示。

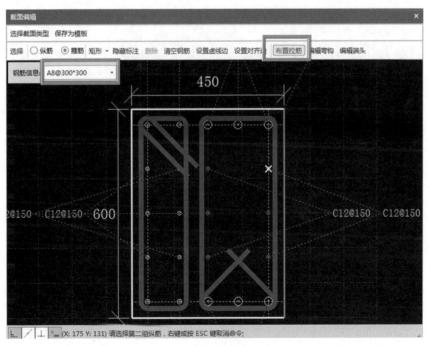

图 11-25　布置拉筋

（3）下部构造下面钢筋为筏板底筋，但在绘制钢筋时，为方便箍筋的绘制，可以先布置上纵筋，绘制完箍筋后再删除纵筋，筏板钢筋会自动排布。

（4）设置对齐边：设置与上部构造对应的边（右侧边）为对齐边。

4.绘制出量

新建完成后，以剪力墙为父图元进行旋转点绘制，完成人防构件的处理。

11.2 悬板活门式人防门框墙

11.2.1 图纸分析

悬板活门式与正常人防门框墙的区别在于有两个洞口，一个大洞口和一个小洞口，如图 11-26 所示。

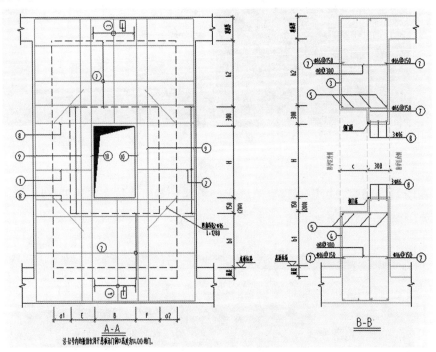

图 11-26 悬板活门式大样图

11.2.2 算法分析

悬板活门式钢筋的计算与悬臂式计算思路是相同的。

11.2.3 软件处理

悬板活门式在软件中的处理方式与悬臂式人防门框墙的处理思路相同，选择相应悬板活门式构造，输入对应信息。

11.3 案例总结

在人防门框墙的处理中，首先需要进行识图，分析图纸中的构造类型及需要算量的内容。其次在软件中进行新建并按照图纸选择对应的截面形式，按需调整节点设置，以剪力墙为父图元进行旋转点绘制。汇总计算，查看土建及钢筋部分工程量（图 11-27）。所有人防门框墙都可以按照这种思路进行处理。

图 11-27 人防门框墙软件处理流程

第 12 章　空心楼盖案例解析

近年来，越来越多的用户接到"空心楼盖"的工程，通常这种工程都有工程体量大、结构复杂的特性。识图和算量的工作量非常大，给很多造价员算量计价工作造成了困扰。如图 12-1、图 12-2 所示。

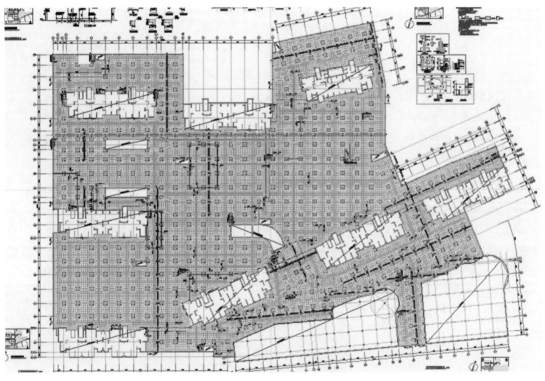

图 12-1　空心楼盖工程图纸 1

的确，空心楼盖相对复杂，但这项技术是我国建筑结构领域的一项重大创新，它为 21 世纪建筑现代化提供了技术支撑，现浇混凝土空心楼盖具有自重轻、地震作用小等优点，在跨度较大的公共建筑和住宅建筑中已有较多应用。它是一种性能价格比较优越，更符合人性的高技术水平的结构体系，具有巨大的社会经济价值。

本章从空心楼盖整体概述，到空心楼盖识图，再到出量三个部分讲解，带您快速了解并掌握这门新技术，如图 12-3 所示。

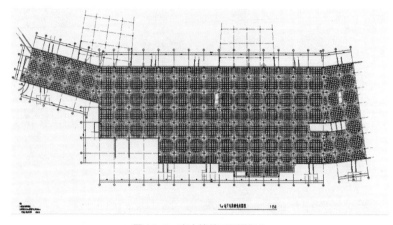

图 12-2　空心楼盖工程图纸 2

12.1　空心楼盖整体概述

12.1.1　空心楼盖的技术优势和发展前景

我国行政管理部门针对空心楼盖相继发布了
很多规范条文，促进空心楼盖结构行业标准成型。
例如，2012 年《现浇混凝土空心楼盖技术规程》
JGJ/T 268—2012 推广执行，《现浇混凝土空心结构
成孔芯模》JG/T 352—2012 的实施。

《住房城乡建设部标准定额司关于征求〈城市
轨道交通工程预算定额〉（通信工程册、信号工程册）、〈房屋建筑与装饰工程工程量计算
规范〉〈矿山工程工程量计算规范〉〈构筑物工程工程量计算规范〉〈爆破工程工程量计算
规范〉意见的函》（建标造函〔2018〕208 号）发布了《房屋建筑与装饰工程工程量计算规
范》（征求意见稿），也能看到关于空心楼盖的清单项和详细的规则描述。如图 12-4 所示。

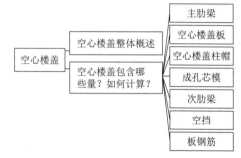

图 12-3　本章知识框架图

20. 空心板内置筒芯、箱体系指为形成现浇空心楼盖，在混凝土浇筑前安装放置的玻纤增强复合筒芯、叠合箱、蜂巢芯等，以形成混凝土内部空腔的工作。			
010501029	薄壳板	1. 混凝土种类 2. 混凝土强度等级 3. 泵送方式 4. 模板材质 5. 支撑材质 6. 支撑高度	m³	按设计图示尺寸以体积计算，不扣除单个面积≤0.3m² 的柱、垛以及孔洞所占体积，板伸入砌体墙内的板头以及板下柱帽并入板体积内。 其中： 有梁板（包括主、次梁与板）按梁、板体积之和计算；坡屋面板屋脊八字相交处的加厚混凝土并入坡屋面板体积内计算。薄壳板的肋、基梁并入薄壳板体积内计算
010501033	空心板	1. 混凝土种类 2. 混凝土强度等级 3. 泵送方式 4. 模板材质 5. 支撑材质 6. 支撑高度		按设计图示尺寸以体积计算，应扣除内置筒芯、箱体部分的体积，板下柱帽并入板体积内

图 12-4　征求意见稿中的空心楼盖清单

空心楼盖工程在我国大部分地区都有涉及，并有逐年递增的趋势。

由此可见，空心楼盖的工程将会越来越广泛应用。所以，即使现在没有接触过空心楼盖，也应该及时学习。

12.1.2　空心楼盖的基本概念

空心楼盖是一种现浇钢筋混凝土空心楼盖，也叫现浇空心大板（空腹楼板等），是由高强薄壁管芯模现浇而成的空心无梁楼盖。如图12-5所示。

图 12-5　空心楼盖的样式

12.1.3　空心楼盖的分类

空心楼盖常见三种形式，如图12-6所示。

分别从这三种分类，了解不同的空心楼盖。

1. 现浇混凝土空心楼盖（蜂巢板）

此种空心楼盖，是指按一定规则放置埋入式内模后，经现场浇筑混凝土而在楼板中形成空腔的楼盖。根据是否有底板，可以将蜂巢结构分为两种：有底板、无底板。有底板的配筋样式和施工方式，如图12-7、图12-8所示。

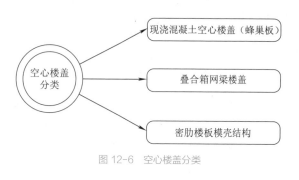

图 12-6　空心楼盖分类

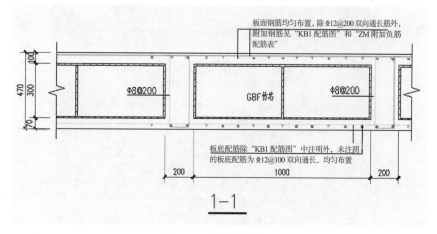

图 12-7　有底板蜂巢结构

图 12-8　有底板蜂巢结构施工现场

　　有底板的蜂巢结构，成孔芯模是直接浇筑到混凝土中，不能二次利用，也无法在浇筑完的构件外围看到成孔芯模。

　　无底板的蜂巢结构，配筋样式和施工时、施工后的现场情况，如图 12-9~ 图 12-11 所示。

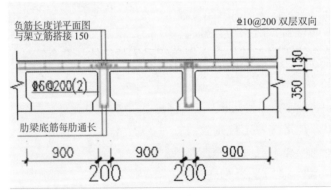

图 12-9　无底板蜂巢结构

图 12-10　无底板蜂巢结构施工现场

图 12-11　无底板蜂巢结构拆模后情况

无底板的蜂巢结构，成孔芯模放在模板上直接浇筑。芯模底面就是板底面。虽然能直接看到芯模，但芯模也是不能重复利用的。

2. 叠合箱网梁楼盖

箱形截面的密肋楼盖，由预制叠合构件"叠合箱"与后浇肋梁连接成梁、板合一的整体。网梁楼盖的叠合箱不同于其他空心楼盖所采用的箱体，叠合箱是预制构件，参与结构整体受力，而其他形式的空心楼盖的箱体只是模板。如图 12-12 所示。

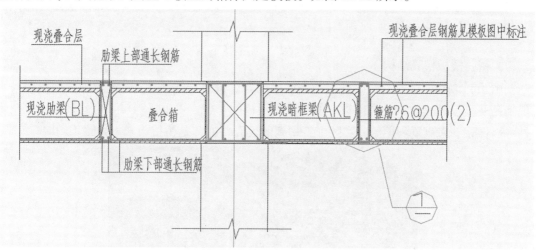

图 12-12　网梁楼盖配筋示意图

叠合箱网梁楼盖如何参与结构整体受力呢？

叠合箱由顶板、底板、侧壁三节插接而成。其顶板、底板是参与整体受力的预制叠合构件。叠合箱顶板、底板中均有配筋，并且钢筋伸出可以浇筑在现浇混凝土空心板中，参与整体受力。

叠合箱网梁楼盖中的叠合箱是拼插而成的，具体施工工艺如图 12-13 所示。

图 12-13　叠合箱的施工工艺

3. 密肋楼板模壳结构

由预制构件"模壳"与后浇密肋梁连接成梁、板合一的整体；模壳是用于钢筋混凝土现浇密肋楼板的一种工具式模板。模壳属于模板的一种，可重复利用。也就是说，此模壳是可以拆除下来重复利用的。实际施工用到的模壳，通常是租赁而来。如图 12-14 所示。

图 12-14　模壳施工现场图（右上角为单个模壳）

再详细看一下模壳在现场固定之后的示意图，模壳倒扣在钢管支撑体系上，作为上部结构的模板，如图 12-15 所示。

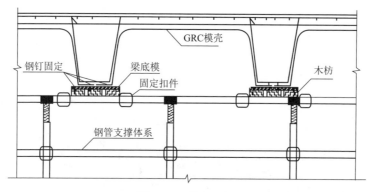

图 12-15　模壳示意图

施工完成，模壳拆除之后，粉刷完成的顶板，如图 12-16 所示。

图 12-16　模壳拆除之后的空心板

12.1.4　空心楼盖的实际案例

通过几个已经施工完成的真实案例，了解一下空心楼盖结构。

案例一：山东大学活动中心大厅，能够提供 22.5m×65m 的大空间结构，采用非预应力网梁楼盖结构，空心楼盖高度 850mm。大荷载上人屋面，如图 12-17、图 12-18 所示。

图 12-17　活动中心内部

图 12-18　活动中心屋面

案例二: 济南西市场工程，地上五层、地下一层。柱网 13.2m×13.2m。净高要求达到 4.0m，原设计没有采用空心楼盖的时候要求梁高 1.0m，为了达到净高 4m，层高要达到 5m，总高度便为 25.5m(高层)。采用网梁楼盖结构以后，结构高度降低了 0.55m，层高 4.55m，总高 23.5m(多层)。消防分区、疏散口、消防设备等都有所不同。如图 12-19 所示。

图 12-19 济南西市场外部

案例三: 聊城电力大厦大厅，采用提供的空间结构为 25.2m×38.2m。非预应力网梁高 1.2m。屋盖顶上托了 180t 的亭子。空心楼盖结构，可以提供很高的屋面承载。如图 12-20 所示。

图 12-20 聊城电力大厦

由以上几个真实的案例，可以看出空心楼盖结构的几大优点:

（1）空间变换方便。此种楼板由于较为平整，没有凸出的主梁和次梁，使分隔墙的任意布置成为可能，空间更加开阔美观，这对经常需要变动间隔的公共建筑尤为适合。

（2）层高减小，提高空间利用率。减小了结构高度，大约每十层楼就可以增加一层楼而总高度不变。

（3）隔声。大大降低了噪声的传递，具有良好的隔声效果。

（4）保温。减少了热量的传递，使楼盖的隔热、保温性能得到显著的提高。

（5）抗震。自重轻，地震作用小。

因为空心楼盖是空心的，所以能起到保温隔热降噪的作用。空心楼盖优异的抗震性能在汶川大地震中得到了真实的反映。在都江堰、德阳、成都等地做了近300个空心楼盖工程，没有一例因地震出现裂缝，更无破坏和垮塌。

空心楼盖的适用范围：

（1）适用于办公楼宇、仓库厂房、地下车库、立交桥、大型商场、学校教学楼以及图书馆等大跨度的建筑。

（2）需灵活间隔或经常改变使用用途的建筑，如：宾馆、娱乐场所、住宅、公寓等。

（3）采用集中式空调的建筑。

（4）有特殊隔声、保暖要求的建筑。

12.2 空心楼盖出量

12.2.1 图纸分析

本案例为密肋楼板模壳结构工程，因为模壳结构比较特殊，导致模壳与模壳之间的肋梁形式也相对复杂。如图 12-21 所示。

把图纸放大，详细查看其中的一个部分，就可以看到里面的详细构造，如图12-22所示。

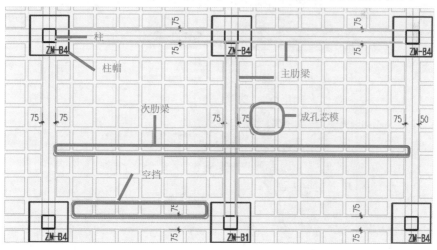

图 12-22　空心楼盖构件组成

组成空心楼盖的构件很多，首先是以柱为支座的主梁，在空心楼盖中称为主肋梁，主肋梁配筋形式通常与框架梁相似，详细区分集中和原位钢筋信息。不同的是由于成孔芯模形式不同，主肋梁可能是矩形截面，也有可能是梯形截面。

主肋梁的合围区域，图纸中可以看到排布有规则的小方块，是空心楼盖中的第二种组

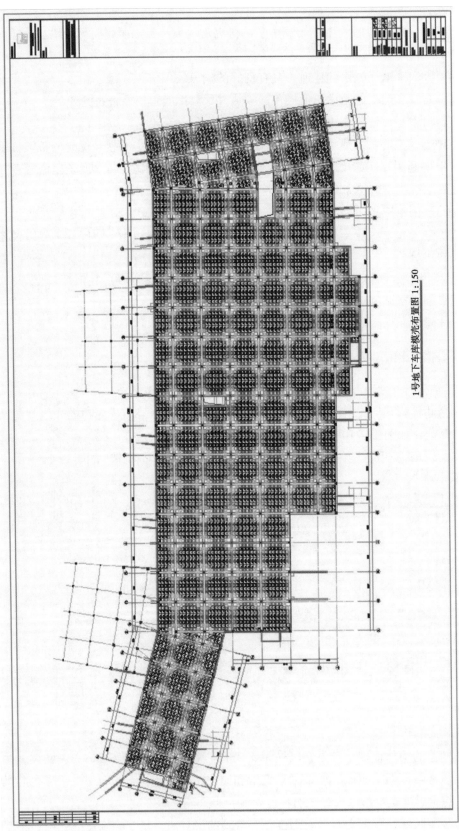

1号地下车库模壳布置图 1:150

图12-21　案例工程模壳布置图（部分）

成构件，也是空心楼盖名字中"空心"的由来，名为成孔芯模。上文提到的三种空心楼盖：模壳结构、叠合箱结构和蜂巢芯结构，都含有不同形式、不同施工工艺的小型空心箱体，统称成孔芯模，图纸标注通常以小方块表示。

两个成孔芯模之间并不是紧密结合的，有一定空间且还需配置钢筋，这个空间就被称作次肋梁。次肋梁结构并不复杂，但由于构件个数较多，纵横交错，密密麻麻，也是算量中的一个难点所在。

边缘部分的模壳，与主肋梁之间的空白区域，叫作空挡。有的工程叫作边肋。虽没有次肋梁数量庞大，但因其位置的特殊性，也是算量中的一个难点。

除了以上介绍的组成空心楼盖的主要构件，实际算量的时候还有很多工程量需要考虑，比如，空心楼盖板的工程量和板配筋等。可见，空心楼盖构件种类多，数量大，算量难度可见一斑。

12.2.2　软件处理

空心楼盖只是工程中一个组成部分。在采用软件建模型的时候，建工程、建轴网、建楼层、建立结构构件都应该提前建立完成。然后再做空心楼盖部分。如图12-23所示。

建工程、轴网、　　框架柱、　　　　　　　其他二次结构　　汇总查量
楼层　　　　　剪力墙

图 12-23　建立工程顺序

做工程流程中的其他环节，此处不再赘述，需要学习的朋友请参看《广联达算量应用宝典—土建篇》的 CAD 导图部分。这里只讲空心楼盖的处理方法。

空心楼盖中包含的构件很多，固定一个算量流程，按照流程计算是非常必要的，即可提高算量效率，又能防止丢项漏项。常见的构件提量顺序如图12-24所示。

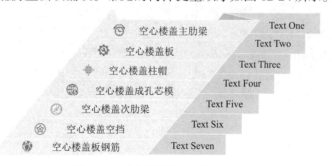

空心楼盖主肋梁	Text One
空心楼盖板	Text Two
空心楼盖柱帽	Text Three
空心楼盖成孔芯模	Text Four
空心楼盖次肋梁	Text Five
空心楼盖空挡	Text Six
空心楼盖板钢筋	Text Seven

图 12-24　空心楼盖主要构件算量顺序

应用广联达 BIM 土建计量软件计算空心楼盖的工程量，此顺序不需要记忆，只需按照软件导航栏提供的构件顺序，先处理主肋梁，其他构件按照从上到下的顺序操作即可。如图12-25所示。

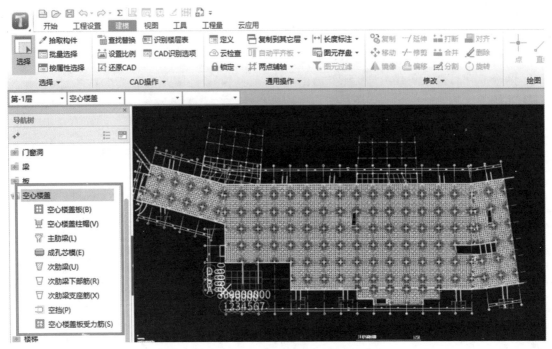

图 12-25　广联达 BIM 土建计量软件空心楼盖模块

通过 CAD 导图，建立好柱、剪力墙等结构构件模型，做好处理空心楼盖的准备工作，接下来就按照空心楼盖主要构件算量顺序，依次计算工程量。

1. 主肋梁

主肋梁在图纸中的标注形式和框架梁相似，区分集中信息和原位信息。如图 12-26 所示。

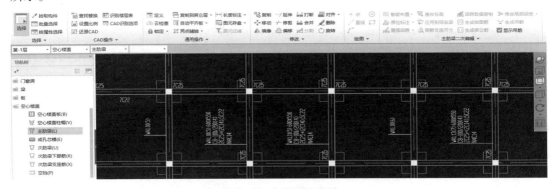

图 12-26　主肋梁图纸标注

但根据成孔芯模的形状不同，主肋梁截面形状也不尽相同。有的工程是和框架梁一样的矩形梁，也有的工程设计成梯形截面。甚至也有更复杂的工程，主肋梁有跨内变截面的情况。本工程主肋梁为梯形截面，通常图纸会给出具体截面样式，参照图纸输入即可。有时图纸也可能不给出详图，可以根据模壳尺寸推算。例如本工程只给出次肋梁示意图，如图 12-27 所示。

有了成孔芯模侧面的倾斜角度，不难推算出主肋梁的梯形截面尺寸。不同形状的梁截面，对工程量是有很大影响的，建模时必须关注。主肋梁软件建模方式，有两种方法可以选择：

（1）绘制梁

手动绘制主肋梁，可在空心楼盖、主肋梁构件中新建参数化构件，给出截面尺寸、钢筋信息等集中标注信息，本案例主肋梁为 WKL，因此结构类别选择屋面主肋梁。再通过软件建模界面"直线"绘图方法，将主肋梁绘制完成。如图 12-28、图 12-29 所示。

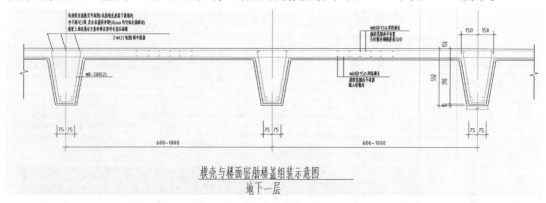

图 12-27　次肋梁截面

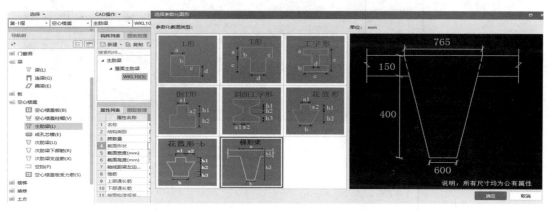

图 12-28　参数化主肋梁建立

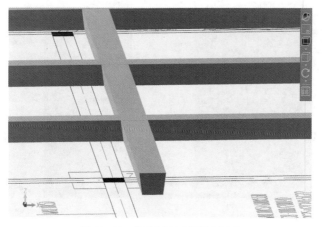

图 12-29　梯形截面主肋梁绘制结果

（2）识别梁

当下工程，CAD 电子版图纸通常都可以得到，且空心楼盖结构主肋梁构件繁多，CAD 导图也能有效提高工作效率。

需要说明的是，空心楼盖的主肋梁构件中，没有识别梁的功能（图 12-26），可以在框架梁中先识别出梁构件，再转换成主肋梁。此过程需要四步来完成：

第一步，建立异形截面主肋梁。在空心楼盖中，选择主肋梁，新建参数化主肋梁，给出尺寸和钢筋等信息，名称与图纸一致。如果主肋梁非异形截面，此步骤省略。

第二步，识别框架梁。在梁构件中，点击"识别梁"，弹出蓝色的识别框，从上识别到下，框架梁即识别完成（图 12-30）。具体操作参见《广联达算量应用宝典—土建篇》（第二版）第三篇第九章，CAD 导图中梁小节。

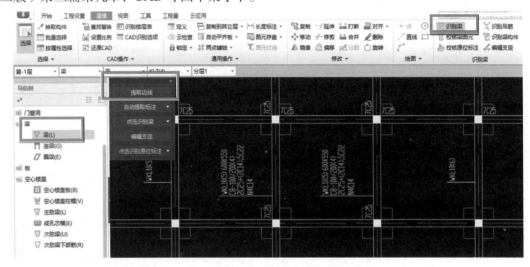

图 12-30　梁 CAD 导图

第三步，框架梁转换为主肋梁。在"梁"构件中，框选识别好的框架梁，右键选择"构件转换"，转换成屋面主肋梁。如图 12-31、图 12-32 所示。

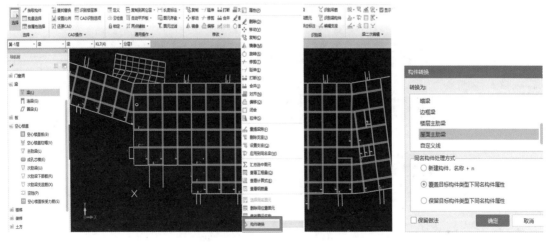

图 12-31　构件转换（a）　　　　　　　　　　图 12-32　构件转换（b）

第四步，主肋梁名称修改。构件转换之后，框架梁图元都转换成主肋梁图元，但"构件转换"功能无法在矩形与异形构件之间转换，因此目前得到的主肋梁，都是矩形截面，并不符合实际工程要求。由于第一步时，已经建立好与图纸同名称的主肋梁构件，软件不允许构件名称重复，所以由框架梁转换来的主肋梁，名称都会加 –1 作为后缀。如图 12-33、图 12-34 所示。

接下来只需要批量选择一个带后缀 –1 的构件，该构件所有图元将会被选中。然后在构件列表中，修改该构件的名称，把后缀去掉即可，名称必然和之前建立的构件名称重复，确定即可（图 12-35）。如果主肋梁非异形截面，此步骤省略。

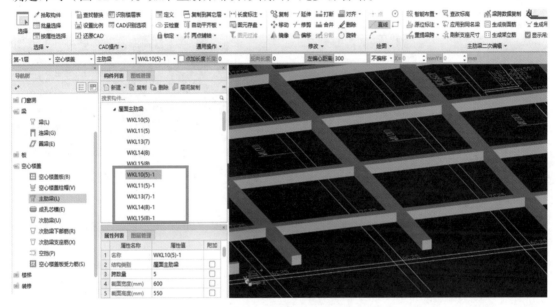

图 12-33　转换来的主肋梁

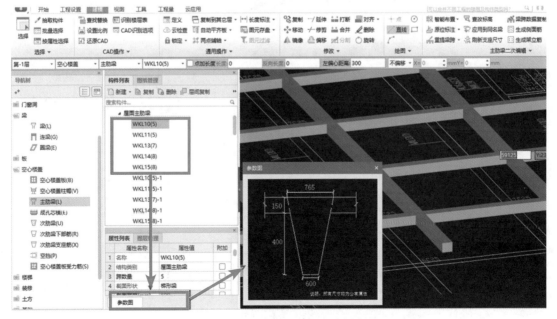

图 12-34　新建的参数化主肋梁

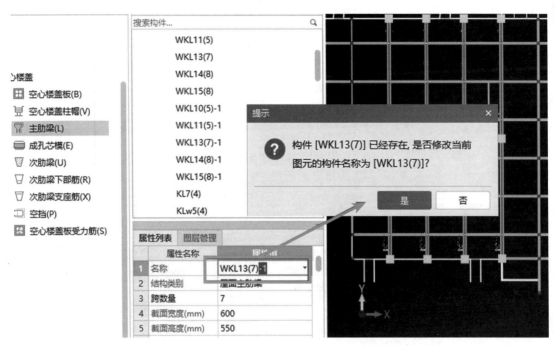

图 12-35   修改主肋梁名称

主肋梁构件处理完成。

本案例为模壳结构空心楼盖工程，还有其他的工程主肋梁可能更加复杂，如图 12-36 所示。

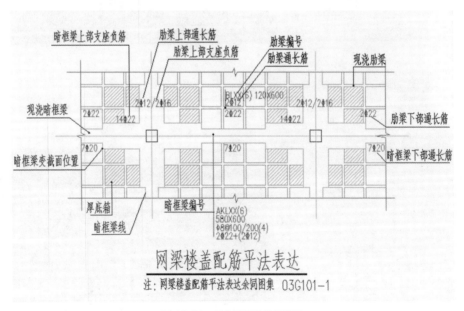

图 12-36   叠合箱网梁楼盖案例

此工程为叠合箱网梁楼盖工程，主肋梁局部发生变截面。梁的钢筋量和工程量都会受到影响。广联达 BIM 土建计量软件，支持一键修改变截面。选择矩形截面主肋梁→修改局部梁宽→选择修改梁段→给出修改后的钢筋和截面尺寸，即完成一跨内局部梁宽的修改。

同时可以给本跨不同截面梁设置不同加钢。按实际图纸配筋修改即可。如图 12-37 所示。

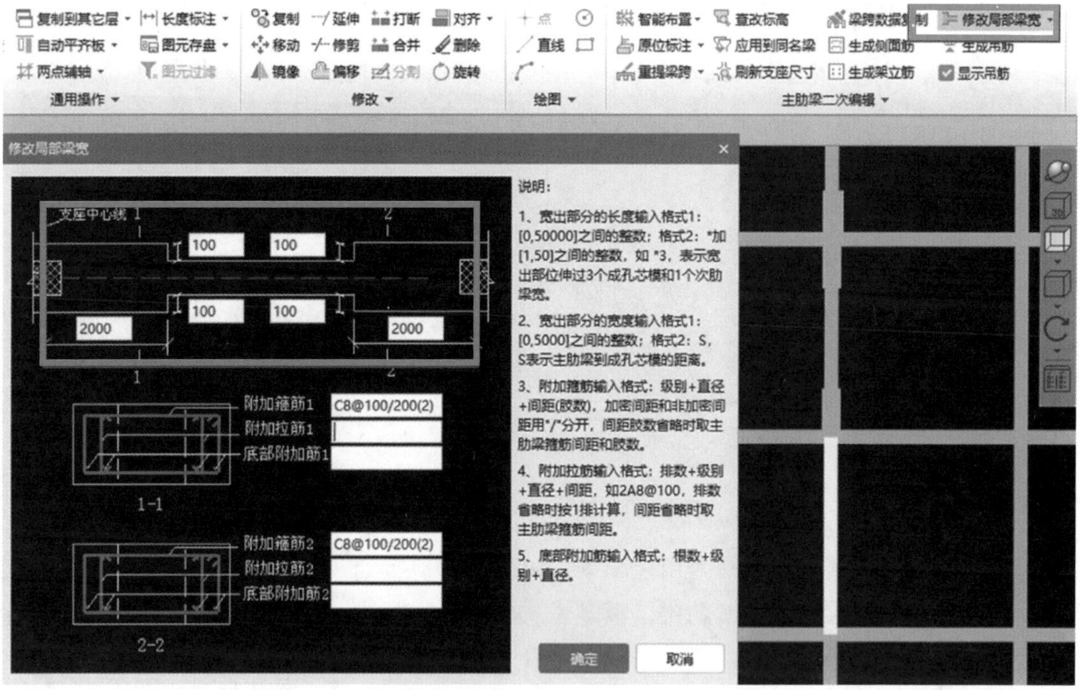

图 12-37 局部变截面梁修改

2. 空心楼盖板

主肋梁处理之后，再来看空心楼盖板。板块争议最大的问题，就是板厚度定义。通常会在图纸说明中，给出板厚。如图 12-38 所示。

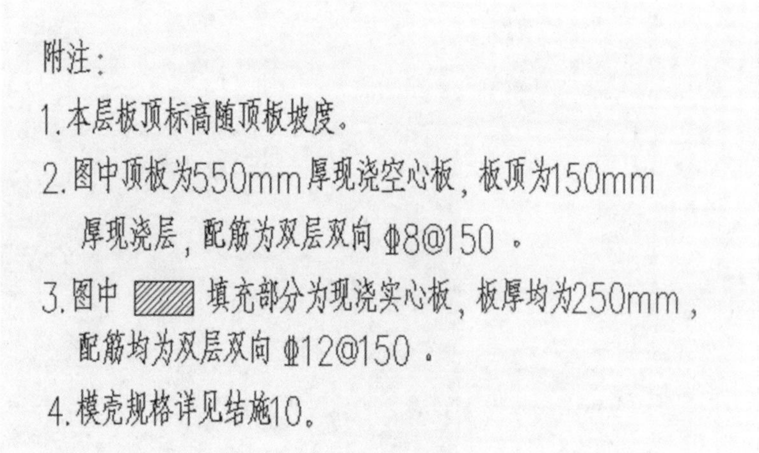

附注：

1. 本层板顶标高随顶板坡度。

2. 图中顶板为550mm厚现浇空心板，板顶为150mm 厚现浇层，配筋为双层双向 Φ8@150。

3. 图中 ▨ 填充部分为现浇实心板，板厚均为250mm，配筋均为双层双向 Φ12@150。

4. 模壳规格详见结施10。

图 12-38 空心楼盖板板厚说明

图纸说明表明，本工程顶板为 550mm 厚的现浇空心板，板顶现浇层厚 150mm。可见空心楼盖板的厚度为总厚度 550mm。还可以通过另一张图更加清楚地了解图纸信息。如图 12-39 所示。

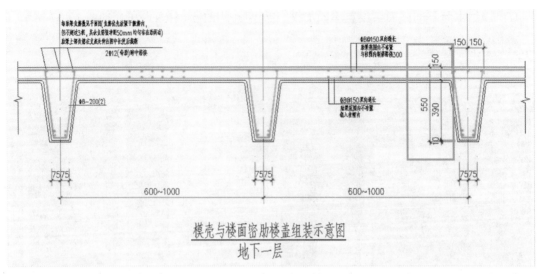

图 12-39　模壳与楼面密肋楼盖组装示意图

在这张模壳与楼面密肋楼盖组装图中，可以清楚地看到白色边线为倒扣的模壳。模壳与模壳之间是密肋梁，也称次肋梁，板厚是从模壳底部开始，到板顶的现浇层顶部，整个厚度都是空心楼盖板的厚度。也就是说，不管空心楼盖板的"空心"是全部含在板内，还是裸露在外，都是空心楼盖板的一部分，板厚包含了箱体在内的总厚度。

明确了板厚，就可以在软件中定义空心楼盖板：

（1）建立：空心楼盖板构件→构件列表给出总厚度 550mm →板顶现浇层厚度 150mm。

（2）绘制：智能布置→外墙梁外边线，内墙梁轴线→框选右键即可布置完成（也可以采用直线画法、点画法等绘制方法），如图 12-40 所示。

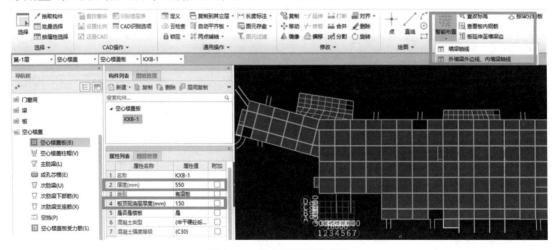

图 12-40　空心楼盖板构件画法

做到这一步，还只是把空心楼盖板的混凝土板绘制完成，通过三维能看到半透明的大板样式，里面还不是空心（图 12-41），下面就开始处理板中其他构件。

3. 空心楼盖柱帽

为提高板的承载能力和抗冲切力，柱顶会设置柱帽，用来增加柱对板的支托面积。空心楼盖的柱帽，图纸中会明确给出样式、位置和配筋形式。本案例工程柱帽如图12-42所示。

可见图纸中给出了三种柱帽的配筋。但通过平面图可以看出，随着柱帽在板中位置的不同，有完整的柱帽，3/4柱帽，还有1/2柱帽等。被板边切割的形状不同，又增加了柱帽的类型。如图12-43所示。

这样形状和配筋变化多端的柱帽，如何利用软件来出量呢？在软件中，只需两步，柱帽便建模完毕。

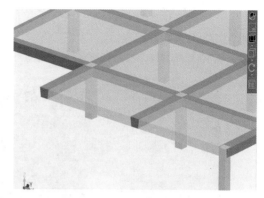

图 12-41 空心楼盖板三维样式

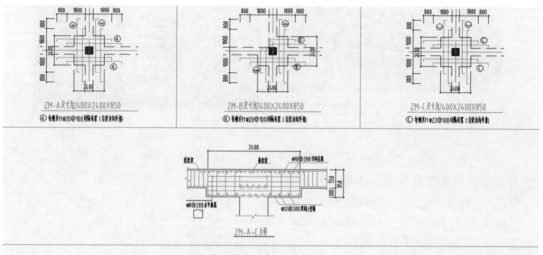

图 12-42 案例工程帽配筋

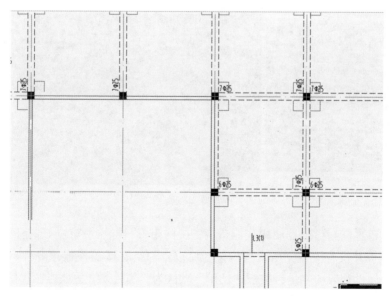

图 12-43 案例工程柱帽形式

第一步，定义柱帽。通过建立参数化空心楼盖柱帽，把图纸中柱帽的钢筋匹配到软件中。如图 12-44 所示。

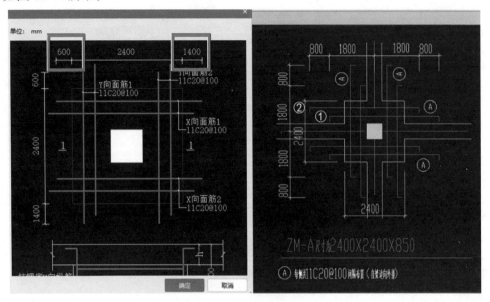

图 12-44　柱帽配筋（平面）

左侧为软件中的柱帽参数图，右侧为图纸的柱帽配筋图。通过右图可以得到，柱帽尺寸为 2400，钢筋错开排布，①号钢筋柱帽一侧伸出长度为 1800–1200=600；②号钢筋柱帽一侧伸出长度为 1800–1200+800=1400。输入软件参数图中，平面图录入完成。

确定了平面配筋，点击确定保存修改，再对应剖面图，匹配软件中的剖面节点。柱帽总高 850；柱帽 X 向和 Y 向纵筋均为直径 12 的 HRB400 级钢筋，间距 200；柱帽水平箍筋为直径 8 的 HRB400 级钢筋，间距 200；拉筋直径 10，软件需要给出拉筋根数，可以按照柱帽宽度和钢筋排布间距，计算出根数。如图 12-45 所示。

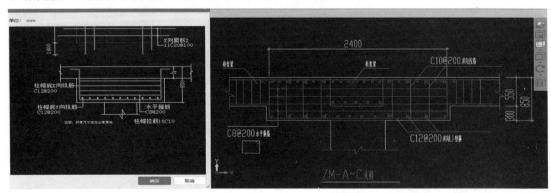

图 12-45　柱帽配筋（剖面）

第二步，布置柱帽。推荐使用智能布置，按柱布置。框选所有画好的柱一键布置成功，因为空心楼盖板并没有覆盖到所有柱构件，所以未与空心楼盖板连接的柱，软件自动默认不布置柱帽。属性列表中"是否按板边切割"默认为"是"，因此柱帽遇到空心楼盖板边缘，自动被切割成 3/4 柱帽、1/2 柱帽等不同形状，符合图纸设计要求。如图 12-46 所示。

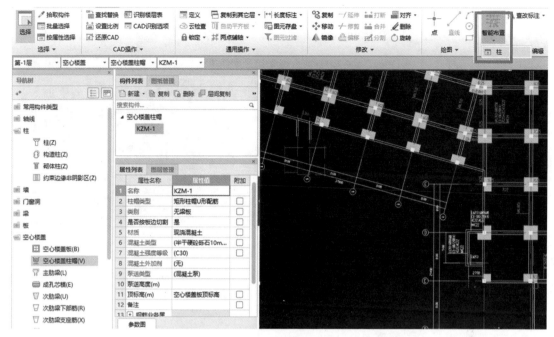

图 12-46　柱帽布置

4. 成孔芯模

如果说梁、板、柱帽，在做其他形式的工程时经常能够遇到，那么成孔芯模，也就是箱体，将是空心楼盖板工程中特有的构件。

有些图纸中的成孔芯模有专门的配置表，尺寸和型号都在配置表中给出；有些工程没有配置表，只在模壳布置图中，用 E、F 等代号来表示，这种模壳的具体信息可以在对应的标准图集中查到。本工程给出了模壳配置表，如图 12-47 所示。

编号	大样	尺寸	数量
1	1	833 × 833	8818
2	2	833 × 726	5147
3	3	833 × 550	278
4	4	7226 × 726	1966
5	5	726 × 550	114
6	6	550 × 550	2
7	7	833 × 400	29

图 12-47　模壳配置表

芯模在软件中的处理办法有三种。第一种，手绘成孔芯模；第二种，建立成孔芯模→识别；第三种，识别成孔芯模→修改属性。三种方法分别进行尝试。

第一种方法，手绘成孔芯模。建立芯模构件→修改属性→绘制，是手绘的三步流程。首先来看建立构件，新建参数化芯模，选择符合工程案例的模壳样式，输入属性信息。如

图 12-48 所示。

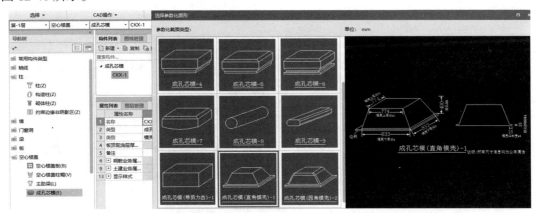

图 12-48 建立芯模

模壳详细信息，除了从模壳配置表中得到下口尺寸外，其他尺寸需要通过"模壳与密肋梁组装示意图"计算得到。如图 12-49 所示。

（1）模壳下口尺寸 833，模壳高 400。

（2）次肋梁轴线间距离 833+75+75=983。

（3）模壳上口尺寸为 983–150–150=683。

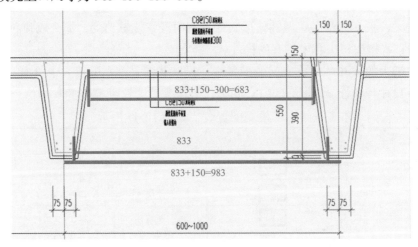

图 12-49 模壳上口尺寸计算

尺寸录入软件参数化图中，如图 12-50 所示。

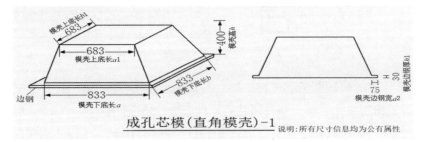

图 12-50 芯模尺寸

模壳建立完成，绘制模壳。点画法或矩形阵列均可绘制。但由于芯模下口有 75mm 的出边，绘制时无法精确居中绘制。需要通过"对齐"来批量修改模壳位置。

第二种方法，建立成孔芯模→识别。建立的过程与第一种建立方式一致，不再赘述。识别构件，应用成孔芯模中的"识别成孔芯模"功能，提取边线→自动识别。识别出的芯模位置精确整齐。如图 12-51、图 12-52 所示。

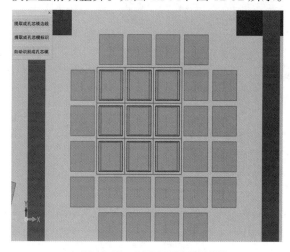
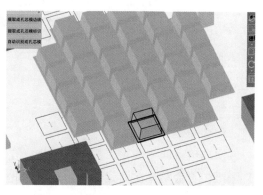

图 12-51　CAD 识别生成的芯模　　　　　　图 12-52　三维状态下的芯模

第三种方法，识别成孔芯模→修改属性。这是一种反建构件的方法。先通过识别，快速布置默认尺寸的芯模构件，如图 12-53 所示。

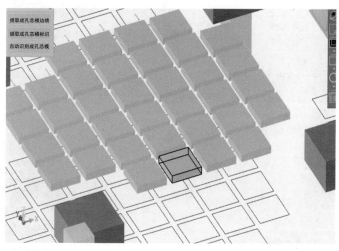

图 12-53　矩形芯模

再在属性列表中，修改"类型"，建立参数化直角模壳芯模，建立方式同第一种方法。由于"类型"为蓝色字体，公有属性，修改之后，绘制好的芯模自动调整样式。

综合以上三种方法，最简单有效的办法是第二种：建立成孔芯模→识别。实现了建立过程精准，识别过程高效。另外，模壳根据类别不同，有时需要拆除，有时是一次性的不需拆除。软件在计算模板的时候，也是有时需要满铺，有时需要非满铺。在模壳属性→土建业务属性→模板铺设方式中选择即可。识别完的芯模如图 12-54 所示。

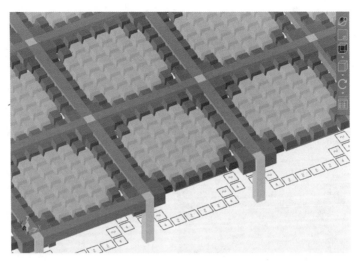

图 12-54　芯模识别结果

5. 次肋梁

次肋梁也叫密肋梁，排布在两排成孔芯模之间。在工程中个数非常多，交错搭接。而且图纸中不会给出次肋梁的梁边线，因此不能像识别主肋梁一样去识别。本工程的密肋梁都是梯形截面的梁，定义时还需考虑异形截面。

次肋梁虽然截面尺寸小，但也是梁。通常工程中会区分出集中信息和原位信息。本案例工程，次肋梁钢筋相对特殊，如图 12-55 所示。

此说明只给出了次肋梁的上部钢筋、腰筋和箍筋，下部钢筋有单独的肋梁底部配筋图。次肋梁的软件建立方式：建立构件（截面形状、集中信息）→生成图元→钢筋布置（原位信息）。

第一步：建立构件，建立参数化次肋梁，给出参数值。如图 12-56 所示。

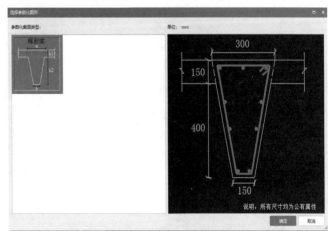

3. 密肋梁空心楼盖(模壳)布置见相应结构图.

4. 肋梁截面为150X550，架立筋均为 2Φ12，
肋梁箍筋均为 Φ8@200(2)，腰筋均
为2Φ12@200.

5. 图中支座钢筋长度为距离墙边或梁边的净尺寸.

图 12-55　密肋梁钢筋　　　　　　　　　　　图 12-56　次肋梁参数图

注意，次肋梁截面尺寸要计算正确，若与成孔芯模有重叠，会生成失败。

在属性列表中，录入次肋梁钢筋信息。因为不同位置的次肋梁下部钢筋也不同，所以下部钢筋在集中信息中暂时不输入。如图 12-57 所示。

图 12-57　次肋梁集中钢筋

第二步：生成图元，生成次肋梁→选择"整层生成"或"选择布置范围"。"选择布置范围"需点选主肋梁围成的空心楼盖板，生成次肋梁。如图 12-58 所示。

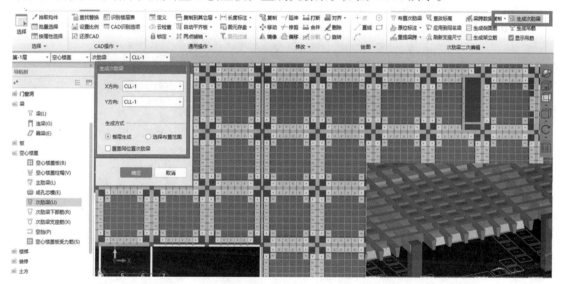

图 12-58　次肋梁生成方式

如果实际工程中，次肋梁的种类繁多，有不同尺寸和配筋的构件，可以在建立构件的时候，把所有种类都建立好，再多次识别。软件会自动根据模壳和模壳之间的距离，匹配次肋梁。

第三步：钢筋设置。本工程密肋梁的下部钢筋，在肋梁底部配筋图中给出。如图 12-59 所示。

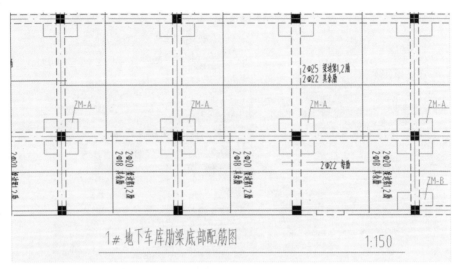

图 12-59　肋梁底部配筋图

表面看次肋梁底筋给出的样式，和板受力筋非常接近，也是横向纵向交叉的钢筋，贯通于板内。但钢筋标注又有不同（图 12-57）一根绿色横向次肋梁下部钢筋，标注信息为："2c25 梁边第 1、2 肋　2c22 其余肋"，信息较难理解。

要知道次肋梁底部配筋含义，首先需要知道空心楼盖板上的次肋梁之间有何区别。如图 12-60 所示。

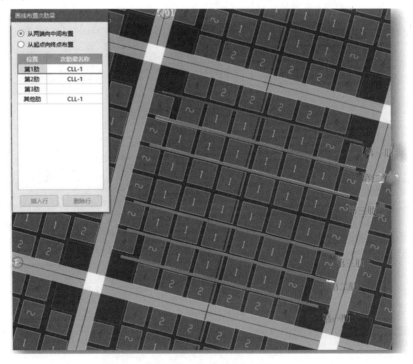

图 12-60　次肋梁排布顺序

以一个主肋梁围成的区域为单元，挨着主肋梁排布的第一道次梁叫作第一肋，挨着第一肋的是第二肋，以此类推，其余剩下的叫作其余肋。

由此可知，图 12-57 中的次肋梁底筋表示含义为：在钢筋标注所在的主肋梁合围区域的空心楼盖板上，第一肋和第二肋次肋梁下部钢筋为 2c25，其余肋次肋梁下部钢筋为 2c22。

若次肋梁下部钢筋单独表示，在软件中有专门的解决方案：在"空心楼盖"文件夹下，有"次肋梁下部钢筋"构件，新建次肋梁下部钢筋，钢筋信息中输入图纸标注信息即可。如果不同位置次肋梁，下部钢筋不同，则用肋数–数量、级别、直径来表示，不同肋用"，"隔开，比如 12-57 中的次肋梁下部筋。输入方法如图 12-61 所示。

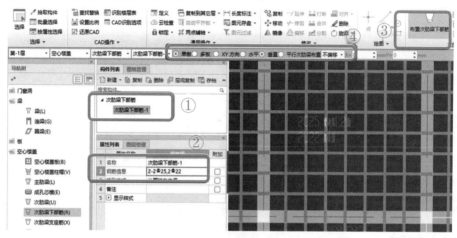

图 12-61 次肋梁下部钢筋（a）

如果这个案例还是不够清晰，再来看一个案例（图 12-62）。

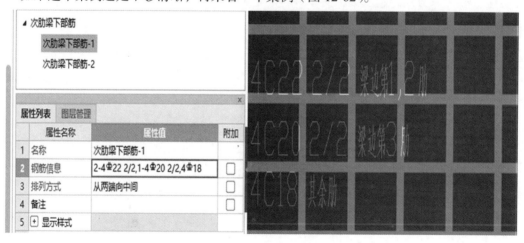

图 12-62 次肋梁下部钢筋（b）

次肋梁下部钢筋标注在图片右侧，三种钢筋：第一、二肋钢筋信息一致，用 2-4c22 2/2 表示，其中"2-"指的是"前两肋"；第二行"梁边第三肋"不是 3-4c20 2/2，而是 1-4c20 2/2，其中"1-"指的是"第三肋"，第三肋下部钢筋单独一种直径；其余不论还剩多少肋，只要不再单独出列，都不需要在钢筋前加"N-"标识。

下部钢筋布置方式，与板受力筋极其相似。如图 12-59 所示，点击"布置次肋梁下部钢筋"→选择布筋方式（单板 / 多板）和布筋范围（水平 / 垂直 /XY 方向）→点击空心楼盖，即可布置好下部钢筋。

次肋梁原位标注，除下部钢筋外，个数最多的是支座筋。支座筋标注形式与板负筋十分相似，如图 12-63 所示。

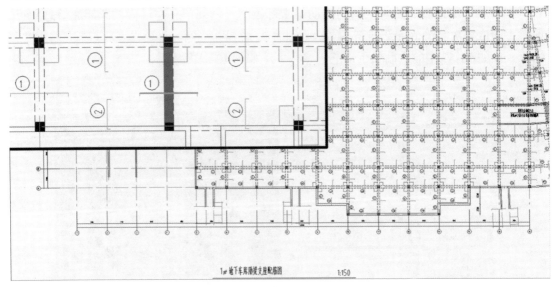

图 12-63　次肋梁支座筋

标注形式相似，但含义不同。以①号负筋为例，表示的含义为：以 Y 方向绿色主肋梁为支座的所有 X 方向的次肋梁，支座负筋都是①号负筋。而①号负筋的具体形式，在图纸中可以找到，如图 12-64 所示。

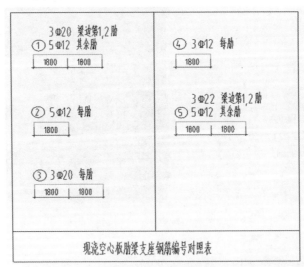

图 12-64　次肋梁支座负筋

可见，负筋的配置方式和下部钢筋相似，同样和挨着主肋梁的第几肋有关。有了下部钢筋的经验，负筋录入软件并不难。如图 12-65 所示。

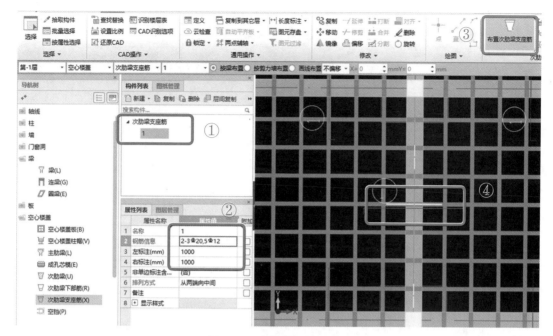

图 12-65　负筋建立和布置方式

　　建立负筋→给出名称、钢筋信息、尺寸信息→布置次肋梁支座筋→选择布筋方式（按梁/按剪力墙）→捕捉支座线→捕捉一条次肋梁确定钢筋方向。负筋布置完成。

　　所有负筋和下部钢筋都布置完，次肋梁的原位标注便布置完成了。但此时次肋梁还是粉红色的，可以应用次肋梁二次编辑中"刷新支座尺寸"，或"原位标注"刷新一下，次肋梁变成翠绿色，即可汇总。注意，本案例相对特殊，其他多数工程中，原位标注以文字形式体现时，可用"原位标注"直接识别次肋梁，效率更高。

　　次肋梁查量，下部钢筋和负筋都可以在次肋梁构件中查到钢筋量。如图 12-66、图 12-67 所示。

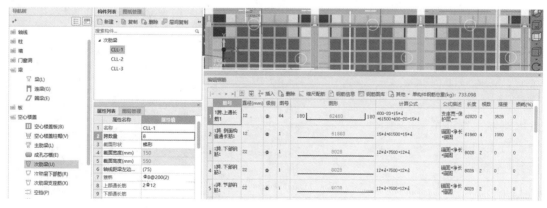

图 12-66　次肋梁钢筋查量

　6. 空挡

　　蜂巢芯、叠合箱或模壳，与主梁间的构造叫作空挡，或称为边肋梁。通常在空心楼盖边缘存在。如图 12-68 所示。

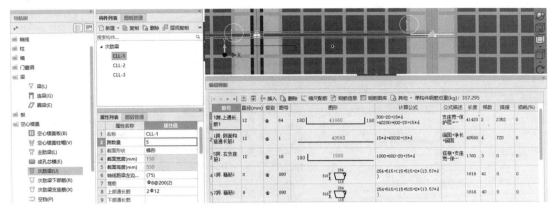

图 12-67 支座负筋查量

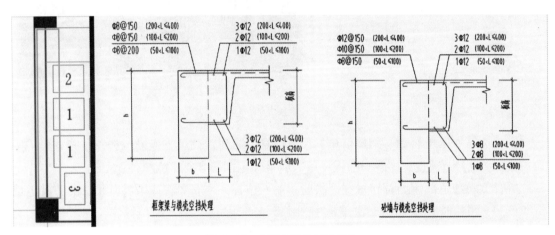

图 12-68 空挡示意图和钢筋配置

从空挡处配筋可见，空挡配筋为 U 形钢筋和通长筋两种。且空挡宽度不同，配筋形式也不一样。在软件中计算空挡非常简单。

（1）建立构件：新建空挡，参数图中查看 / 修改钢筋锚固长度，没有的钢筋可以删除，例如本案例没有横向钢筋，属性中删除即可。如图 12-69 所示。

空挡宽度不同，钢筋信息不同，单击属性列表"上部纵筋"，打开上部筋输

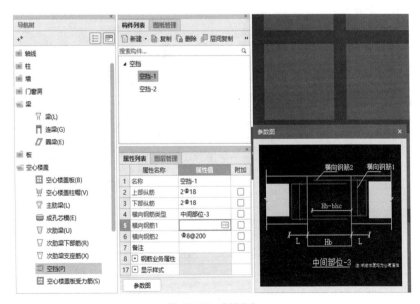

图 12-69 空挡建立

入表格，把不同宽度范围的空挡上部钢筋输入进去。如图 12-70 所示。

（2）生成构件：智能布置→按梁/剪力墙布置。不用担心空挡位置是否和模壳重叠，软件会自动判断。软件也提供空挡的计算设置和节点设置，可以按实际调节。

7. 空心楼盖板受力筋

空心楼盖大板同样存在受力筋，布置方式同板，不再赘述。值得提醒的是，受力筋属性中，类别项有多个选择：成孔芯模上底筋、成孔芯模下面筋、成孔芯模下底筋等选项，适用于不同形式（有底板和无底板）的空心楼盖。视实际工程情况进行选择。

12.3　案例总结

本章介绍了空心楼盖的概念、发展前景、适用范围等，重点在空心楼盖的分类和具体工程量的计

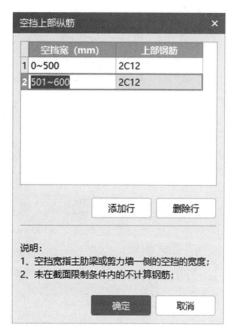

图 12-70　空挡上部钢筋表

算方法。常见空心楼盖分为三种：现浇混凝土空心楼盖、叠合箱网梁楼盖、密肋楼板模壳结构。

本案例主要以一个密肋楼板模壳结构实例，讲解空心楼盖结构的详细组成和软件的计算方法。按照软件中构件的处理顺序，空心楼盖包含主肋梁、空心楼盖板、柱帽、成孔芯模、次肋梁、空挡和板钢筋。空心楼盖组成中，主肋梁计算方式和框架梁相似，可以按框架梁导 CAD 图出模型。但由于芯模形状特殊，主肋梁形状与框架梁略有不同，在软件中还需要通过转换构件和修改构件图元名称等功能，得出正确的主肋梁模型及工程量。次肋梁相比主肋梁，个数更多，构造更加复杂，但软件可以通过成孔芯模生成次肋梁，为提量提高效率。

空心楼盖结构复杂，构件繁多，软件提供的空心楼盖模块，能够较好地处理常见空心楼盖结构。希望本章的内容能为造价人员的工作和学习提供帮助。

第13章 装配式案例解析

随着现代工业技术的发展，装配式建筑逐渐走进人们的视野。建造房屋可以像机器生产一样，成批成套地制造。和普通建筑方式相比，装配式建筑在加快施工速度，降低环境污染，减少资源浪费和节约建造成本上有着不可比拟的优势。

装配式建筑规划自2015年以来密集出台：2015年末发布《工业化建筑评价标准》GB/T 51129—2015，决定2016年全国全面推广装配式建筑，并取得突破性进展；2015年住房和城乡建设部出台了《建筑产业现代化发展纲要》，计划到2020年装配式建筑占新建建筑的比例20%以上，到2025年装配式建筑占新建筑的比例50%以上；2016年3月5日政府工作报告提出要大力发展钢结构和装配式建筑，提高建筑工程标准和质量；2016年7月5日住房和城乡建设部出台《住房城乡建设部2016年科学技术项目计划装配式建筑科技示范项目名单》并公布了2016年科学技术项目建设装配式建筑科技示范项目名单；2016年9月14日国务院召开国务院常务会议，提出要大力发展装配式建筑推动产业结构调整升级；2016年9月30日国务院办公厅出台《国务院办公厅关于大力发展装配式建筑的指导意见》（国办发〔2016〕71号），要求要因地制宜发展装配式混凝土结构、钢结构和现代木结构等装配式建筑，力争用10年左右的时间，使装配式建筑占新建建筑面积的比例达到30%，对大力发展装配式建筑和钢结构重点区域、未来装配式建筑占比新建筑目标、重点发展城市进行了明确……

目前全国已有30多个省市出台了装配式建筑的专门指导意见和相关配套措施，不少地方更是对装配式建筑的发展提出了明确要求。越来越多的市场主体开始加入装配式建筑的建设大军。

随着建设行业的快速发展，造价人员需要适应建筑市场的发展步伐，快速掌握装配式建筑的识图与算量。除了软件的操作流程以外，装配式工程的建模还要求造价人员对各构件的施工流程有一定了解，避免漏量。另外，还需要结合当地政策规范及文件进行灵活处理。本章将结合业务剖析，分析各个构件的处理思路及建模流程，旨在助力造价人员掌握装配式工程在算量软件中的处理方式，从"了解"达到"会用"阶段。

13.1 装配式工程介绍

按照装配构件的数量，装配式建筑可分为全装配建筑和部分装配建筑（图13-1）。全装配建筑一般为低层或抗震设防要求较低的多层建筑；部分装配建筑的主要构件一般采用预制构件，在现场通过现浇混凝土进行连接，形成整体结构。

图 13-1　装配式建筑分类

装配式建筑的设计生产流程一般包括五个环节，如图 13-2 所示。

图 13-2　装配式建筑生产流程

13.2　装配式构件分类

和现浇主体构件相比，装配式结构的主体构件采用全部或部分预制形式，解决了现浇构件施工慢的弊端，装配式构件的分类如图 13-3 所示。

图 13-3　装配式构件与现浇构件对比

除图 13-3 所示，装配式结构的主要构件还包括预制阳台、预制楼梯、预制飘窗等，本章节暂不做解析。

13.3　预制柱

预制柱在工厂预制完成后，运至现场进行吊装，吊装就位后底部进行灌浆加固处理（图 13-4）；预制柱在加工时会预留后浇部分的高度，用于浇筑柱梁节点区的混凝土，保障整体结构稳定性。

图 13-4　预制柱现场安装

13.3.1 图纸分析

装配式结构图纸中，预制柱的配筋形式和框架柱基本无区别，但会注明坐浆高度及预制高度，并对预制段高度和其他节点单独标注或统一说明（图 13-5）。

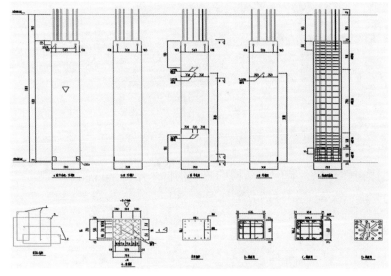

图 13-5 预制柱大样图

13.3.2 算法分析

对于此类预制柱，在建模时可以分为三部分进行处理，如图 13-6 所示。

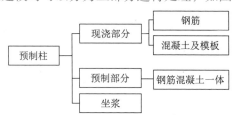

图 13-6 预制柱构件计算思路

对于预制柱的预制部分，构件在工厂统一完成，属于成品构件，算量时直接计取成品价格即可。对于预制构件内的钢筋，已经包含在成品价格中，无须重复算量。但对于需要计算此部分钢筋量的业务需求，图纸一般会给出相关的钢筋型号和数量（图 13-7），直接录入软件进行统计即可。

纵筋	1Za	Φ16	12	2900+L2-L1	L1、L2根据套筒参数确定
	1Zb	Φ12	4	2710	
暗柱	1Ga	Φ8	42	170 330 170	焊接封闭箍筋
箍筋	1Gb	Φ8	22	170 781 170	焊接封闭箍筋
	1Gc	Φ8	2	190 791 190	焊接封闭箍筋

图 13-7 预制柱配筋表

对于预制柱的底部坐浆部分，设计图纸会直接给出坐浆厚度。

对于预制柱顶部的后浇部分，除了混凝土工程量，还需要统计后浇段的箍筋工程量 [纵筋已在预制部分预留（图 13-8）]。另外，后浇部分还需要计算模板工程量，在此不做赘述。

13.3.3　软件处理

广联达 BIM 土建计量平台 GTJ 中新增装配式模块，如图 13-9 所示。

图 13-8　预制柱顶部钢筋　　　　　　　　图 13-9　装配式模块

软件中装配式柱的处理和现浇构件处理思路基本一致，如图 13-10 所示。本章仅对构件新建及绘制作重点分析，其余不做赘述。

图 13-10　预制柱处理流程

1. 在预制柱界面，点击"新建"下方"新建矩形预制柱"（图 13-11）。

图 13-11　新建矩形预制柱

2. 根据图纸信息调整预制柱属性：除基本信息外，预制柱属性中还需要输入构件的灌浆高度和预制高度，方便后期分开出量。另外，根据前文所述，纵向钢筋及预制部分内的箍筋已经包含在预制构件中。输入配筋信息后，软件只会计算后浇部分的箍筋，其余钢筋不会重复计算。对于需要统计预制构件内钢筋的工程，可以将设计图纸中的预制构件钢筋量填写在构件属性框"预制部分重量"内（图 13-12），不会影响构件工程量的计算；若需统计预制构件内的钢筋明细，则按照深化图纸钢筋明细表将钢筋信息录入"预制钢筋"内，则报表可统计构件钢筋含量。

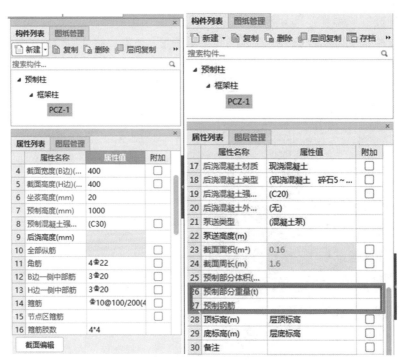

图 13-12　预制柱属性列表

3.将构件绘制在模型中，绘制方式与现浇柱相同。但需注意，预制柱不可与现浇框架柱重合布置。点击"汇总计算"，查看工程量，软件可按照预制单元、底部坐浆单元及后浇单元分开出量，如图 13-13 所示。

预制柱: PCZ-1
　　周长=((0.4<长度>+0.4<宽度>)*2)=1.6m
　　数量=1根
　　脚手架面积=3<柱脚手架高度>*(1.6<投影周长>+3.6<脚手架增加系数>)=15.6m²
　　高度=3m
　　截面面积=(0.4<长度>*0.4<宽度>)=0.16m²
　　总体积=(0.0032<坐浆单元体积>+0.16<预制单元体积>+0.3168<后浇单元体积>)=0.48m³

预制柱底部坐浆单元: PCZ-1-1
　　坐浆体积=(0.4<长度>*0.4<宽度>*0.02<高度>)=0.0032m³

预制柱预制单元: PCZ-1-2
　　预制部分体积（按模型）=(0.4<长度>*0.4<宽度>*1<高度>)=0.16m³
　　预制高度=1m

预制柱后浇单元: PCZ-1-3
　　后浇体积=(0.4<长度>*0.4<宽度>*1.98<高度>)=0.3168m³

图 13-13　预制柱工程量计算式

4.除了新建绘制的方式，还可以通过"识别预制柱"来完成预制柱的布置。新建预制柱后，通过"识别预制柱"识别到平面位置，也可以先"识别预制柱"，自动反建预制柱构件，再调整属性中的信息（图 13-14），识别方式与普通柱是一样的，此处不再赘述。

图 13-14　识别预制柱

13.4　预制梁

预制梁，也叫叠合梁。施工流程与预制柱相似，在预制厂加工完成后，运至现场进行吊装，吊装就位后进行支撑加固（图 13-15）；工厂预制完成的梁并不是按照梁高加工的，一般会预留一定高度不浇筑，运至现场后与叠合板进行叠合浇筑，故名"叠合梁"。

图 13-15　预制梁现场安装

13.4.1　图纸分析

对于预制梁，图纸会注明预制梁高和预制长度（图 13-16），除了部分图纸中标注方式可能稍有区别外，其配筋形式和框架梁基本无区别。预制梁在工厂进行加工时，会将预制梁的底部钢筋、侧面钢筋及箍筋直接浇筑在内，顶部钢筋在现场进行叠合浇筑时再进行绑扎。

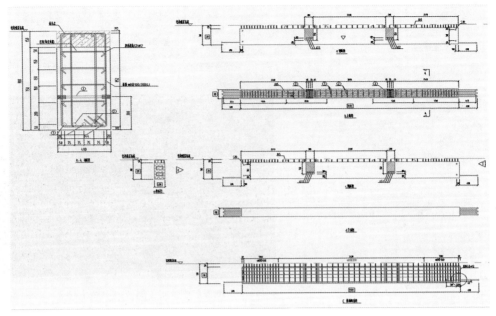

图 13-16　预制梁配筋图

13.4.2　算法分析

对于此类预制梁，在建模时可以分为两部分进行处理，如图 13-17 所示。

预制梁的预制部分处理方式与预制柱相同，构件在工厂统一加工，属于成品构件，算量时直接计取成品价格即可。但对于需要计算此部分钢

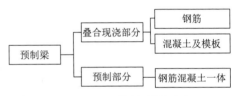

图 13-17　预制梁构件计算思路

筋量的业务需求，图纸一般会给出相关的钢筋型号和数量（图 13-18），直接录入软件进行统计即可。目前装配式建筑仍然处于发展阶段，如实际图纸的标注方式略有差别，可按照设计图纸变通处理。

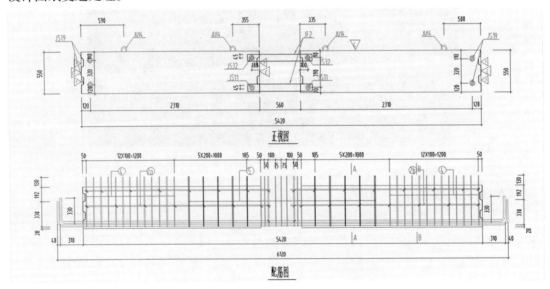

图 13-18　预制梁配筋详图

对于预制梁的预制部分，柱梁相交节点处的钢筋会进行预留，局部箍筋外露（图 13-19），上部钢筋不在预制范围内。另外，后浇部分还需计算模板工程量，在此不做赘述。

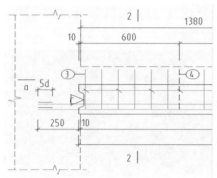

图 13-19　预制梁钢筋外露

13.4.3　软件处理

软件中装配式梁的处理思路和现浇构件基本一致（图 13-20）。本章仅对构件新建及绘制作重点分析，其余不再赘述。

图 13-20　预制梁处理流程

1. 在预制梁界面，点击"新建"下方"新建矩形预制梁"（图 13-21）。

2. 根据图纸信息调整预制梁属性：根据前文所述，纵向钢筋、侧面钢筋及预制部分内的箍筋已经包含在预制构件中，钢筋信息无须输入。对于需要统计预制构件内钢筋的工程，可以将设计图纸中的预制构件钢筋量录入构件属性框"预制部分重量"内，不会影响构件工程量的计算；若需统计预制构件内的钢筋明细，则按照深化图纸钢筋明细表将钢筋信息录入"预制钢筋"内（图 13-22），则报表可统计构件钢筋含量。

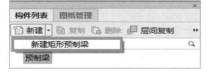

图 13-21　新建矩形预制梁　　　　　　　图 13-22　预制梁属性列表

3. 按照图示尺寸绘制预制梁，绘制方式与现浇梁相同；然后绘制现浇梁，用来处理叠合部分，如图 13-23 所示。其中预制梁的底标高默认按照现浇梁的底标高设置。

点击"汇总计算"，查看钢筋三维，软件只计算了上部钢筋及后浇部分的箍筋（图 13-24）。

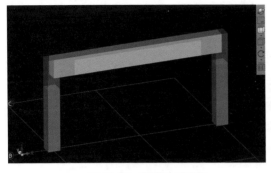

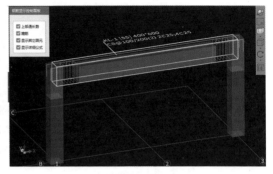

图 13-23　预制梁与现浇梁   图 13-24　现浇梁钢筋三维

查看工程量计算式（图 13-25），预制梁部分仅统计体积，叠合后浇部分的工程量需要在现浇梁计算式（图 13-26）中查看。

图 13-25　预制梁工程量计算式

图 13-26　现浇梁工程量计算式

13.5　预制墙

与前文中预制柱和预制梁的生产过程相同，预制墙（图 13-27）在预制过程中会将电气管线等预埋在内，部分预制外墙板还会将保温和外墙装饰层进行整浇贴合。在建模出量过程中，需要根据设计图纸及要求进行计算。

图 13-27　预制墙

13.5.1　图纸分析

和预制柱及预制梁相比，预制墙图纸的标注方式相对复杂，一般会由主视图、侧面图、俯视图及配筋图等组成（图 13-28）。

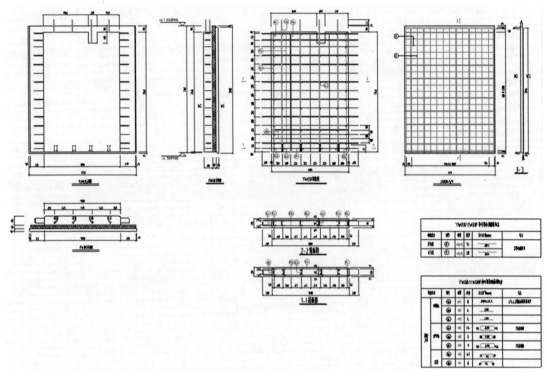

图 13-28　预制墙配筋图

预制墙的尺寸信息可以在详图内进行查看，钢筋信息可以在预制墙配筋表（图 13-29）中查看。对于需要统计墙板内钢筋用量的工程，可以直接按照表内的数据进行统计。

YWQ8/YWQ8F 内叶墙板钢筋明细表

钢筋类型		编号	规格	数量	加工尺寸(mm)	备注
混凝土墙	竖向筋	③Va	Φ14	8	2900+L2-L1	L1、L2根据套筒参数确定
		③Vb	Φ6	6	2710	
		③Vc	Φ12	4	2710	
	水平筋	③Ha	Φ8	14	116 ☐ 2240 ☐ 116	焊接封闭
		③Hb	Φ8	2	120 ☐ 1750 ☐ 120	
		③Hc	Φ8	1	146 ☐ 2240 ☐ 146	焊接封闭
	拉筋	③La	Φ6	47	30 ☐ 124 ☐ 30	
		③Lb	Φ6	6	30 ☐ 154 ☐ 30	

图 13-29　预制墙配筋表

13.5.2　算法分析

和预制柱类似，预制墙可分为预制部分、底部坐浆部分和顶部后浇部分进行处理，如图 13-30 所示。

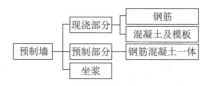

图 13-30　预制墙构件解析

预制墙的处理方式和柱基本一致。对于预制墙的预制部分，构件在工厂统一加工完成，属于成品构件，算量时直接计取成品价格即可。对于预制构件内的钢筋，已经包含在成品价格中，无须重复算量。但对于需要计算此部分钢筋量的业务需求，可以按照图纸给出的相关钢筋型号和数量直接进行统计。底部坐浆部分和顶部后浇部分单独计算即可。

13.5.3　软件处理

1. 在预制墙界面，软件提供了"新建参数化预制墙"和"新建矩形预制墙"两种处理方式（图 13-31）。

（1）"新建矩形预制墙"和前文所述新建预制柱的方法一致，根据图纸信息调整预制墙属性即可完成构件新建，如图 13-32 所示。

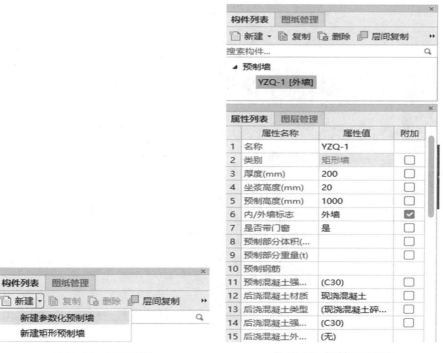

图 13-31　新建预制墙　　　　图 13-32　新建矩形预制墙

（2）"新建参数化预制墙"提供了三种构件形式：①普通墙板；②夹心保温墙；③PCF板（预制装配式外墙板），如图 13-33 所示。

2. 按照图纸信息输入相应参数，完成预制墙新建。

3. 按照平面位置绘制到模型中（图 13-34），也可以根据 CAD 图纸，使用"识别预制墙"

布置到平面位置。

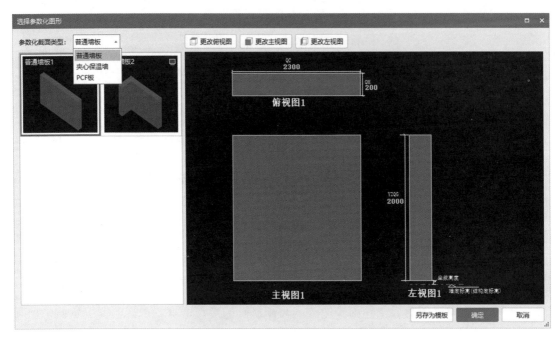

①普通墙板

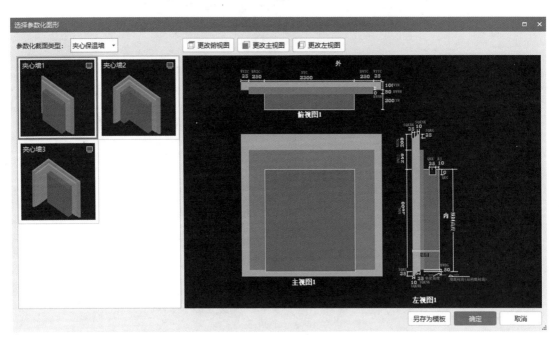

②夹心保温墙

图 13-33　参数化预制墙

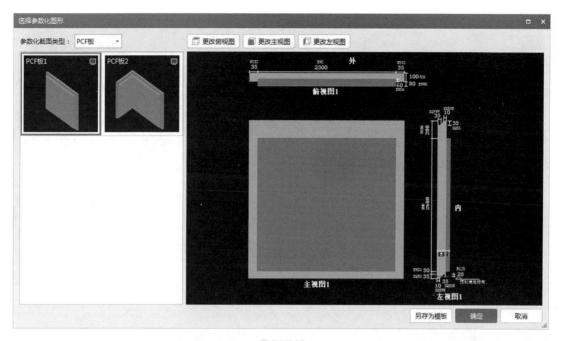

③ PCF 板

图 13-33　参数化预制墙（续）

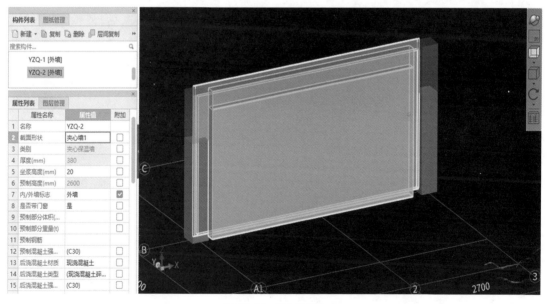

图 13-34　夹心预制墙

　　汇总计算，查看钢筋三维，对于两道预制墙之间的现浇墙部分，现浇墙的钢筋只计算至预制墙边，如图 13-35 所示。

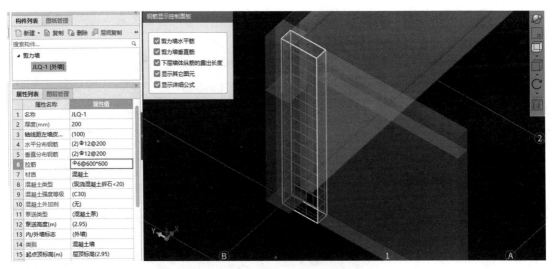

图 13-35　预制墙与剪力墙转角节点

查看工程量计算式，软件可按照预制单元、底部坐浆单元及后浇单元分开出量（图 13-36）。

查看工程量计算式

工程量类别　　　　　　　　　构件名称：　YZQ-1

◉ 清单工程量　○ 定额工程量　工程量名称：　[全部]

计算机算量

预制墙: YZQ-1
　　数量=1块
　　总体积=(1.248<预制部分体积（按模型）>+0.1824<后浇体积>+0.0096<坐浆体积>)=1.44m³
　　预制部分体积（按模型）=1.248<原始预制部分模型体积>=1.248m³
　　预制部分混凝土体积=1.248<原始预制混凝土体积>=1.248m³
　　垂直投影面积=(2.4000<长度>*3.0000<高度>)=7.2m²

预制墙内叶板单元: QNYB-1
　　预制长度=2.4m
　　预制高度=2.6m

预制墙后浇单元: QHJD-1
　　后浇体积=(0.1824<原始体积>)=0.1824m³
　　模板面积=(1.9000<原始模板面积>)=1.9m²

预制墙坐浆单元: ZJUT-1
　　坐浆体积=0.0096<原始坐浆体积>=0.0096m³

手工算量

重新输入　　　手工算量结果=

查看计算规则　　查看三维扣减图　　显示详细计算式

图 13-36　预制墙计算结果

由于预制墙的三种类型存在结构差异，软件出量内容也不同，如图 13-37 所示。

13.6　叠合板

叠合板的施工工艺与预制梁类似，都是通过叠合层实现构件的整体稳定性。预制完成的叠合板如图 13-38 所示。

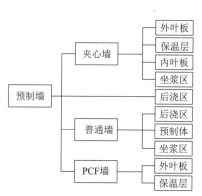

图 13-37　预制墙工程量分类

图 13-38　叠合板

13.6.1　图纸分析

叠合板的图纸一般会由配筋图、必要的节点图纸（图 13-39）等组成。图纸中会注明叠合板的尺寸，建模时按照设计图纸尺寸计算即可。和现浇板钢筋相比，叠合板的钢筋类型还包括利用钢筋做的桁架（图 13-40 中③号钢筋），用以增强叠合板的强度。

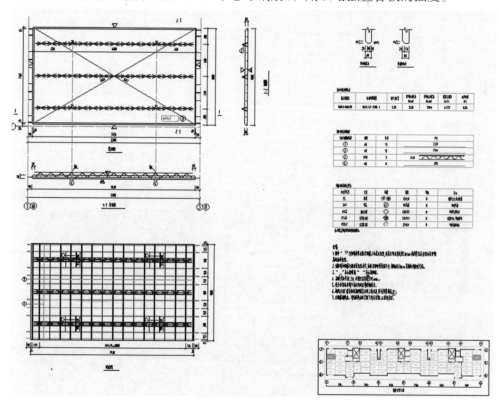

图 13-39　叠合板配筋图

叠合板底板钢筋表

叠合板钢筋编号	规格	数量	尺
①	Φ8	10	3300
②	Φ8	17	1780
③	A90	3	3020
④	Φ8	8	280

图 13-40　叠合板桁架钢筋

13.6.2　算法分析

和预制梁类似，叠合板由预制部分和叠合浇筑部分组成，如图 13-41 所示。

对于叠合板的预制部分，与前文中其他构件预制部分相同，构件在工厂统一加工，属于成品构件，算量时直接计取成品价格即可。**对于预制构件内的钢筋，已经包含在成品价格中，无须重复算量。**但对于需要计算此部分钢筋量的业务需求，图纸一般会给出相关的钢筋型号和数量，直接录入软件进行统计即可。

图 13-41　叠合板工程量分类

13.6.3　软件处理

叠合板是由预制底板和现浇钢筋混凝土层叠合而成的装配整体式楼板，如何更好地处理现浇层与预制底板？软件提供了两种构件，即叠合板（整厚）和叠合板（预制底板），如图 13-42 所示。

可以先绘制叠合板（整厚），此处需要按照现浇层和预制层的整体厚度来定义厚度，比如预制底板 60mm厚，现浇层 70mm 厚，则定义叠合板（整厚）的厚度为130mm。再布置叠合板（预制底板），预制底板底标高会自动与叠合板整厚的底标高平齐，并自动扣减，如图 13-43 所示。

装配式

- 预制柱（Z）
- 预制墙（Q）
- 预制梁（L）
- 叠合板（整厚）（B）
- 叠合板（预制底板）（B）
- 板缝（JF）
- 叠合板受力筋（S）
- 叠合板负筋（F）
- 预制楼梯（R）

图 13-42　叠合板

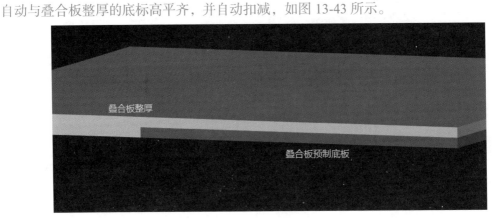

图 13-43　叠合板预制底板与叠合板整厚自动扣减

1. 根据图纸信息布置叠合板（整厚）和叠合板（预制底板）。

（1）叠合板整厚（图 13-44）处理方式与现浇板相同，调整属性后可以进行自由绘制。

（2）叠合板（预制底板）可以采用新建绘制的方式处理，也可以使用"识别预制底板"功能，快速根据 CAD 图识别反建构件，再调整属性信息，如图 13-45 所示。

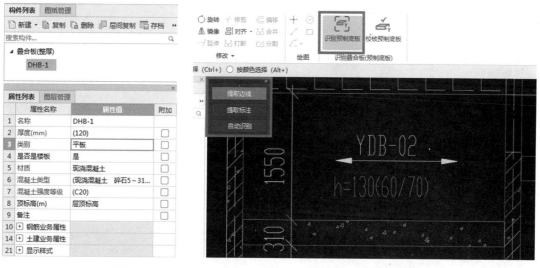

图 13-44　新建叠合板（整厚）　　　　　　　　　　　　图 13-45　识别预制底板

2. 根据图纸信息调整叠合板属性：对于叠合板（预制底板）的边缘，可以根据实际工程在"边沿构造"中进行修改，如图 13-46 所示。

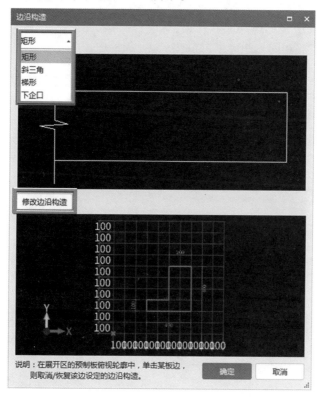

图 13-46　边沿构造修改

汇总计算，查看工程量可以看到叠合板（整厚）工程量会自动扣减预制底板的面积，如图 13-47 所示。

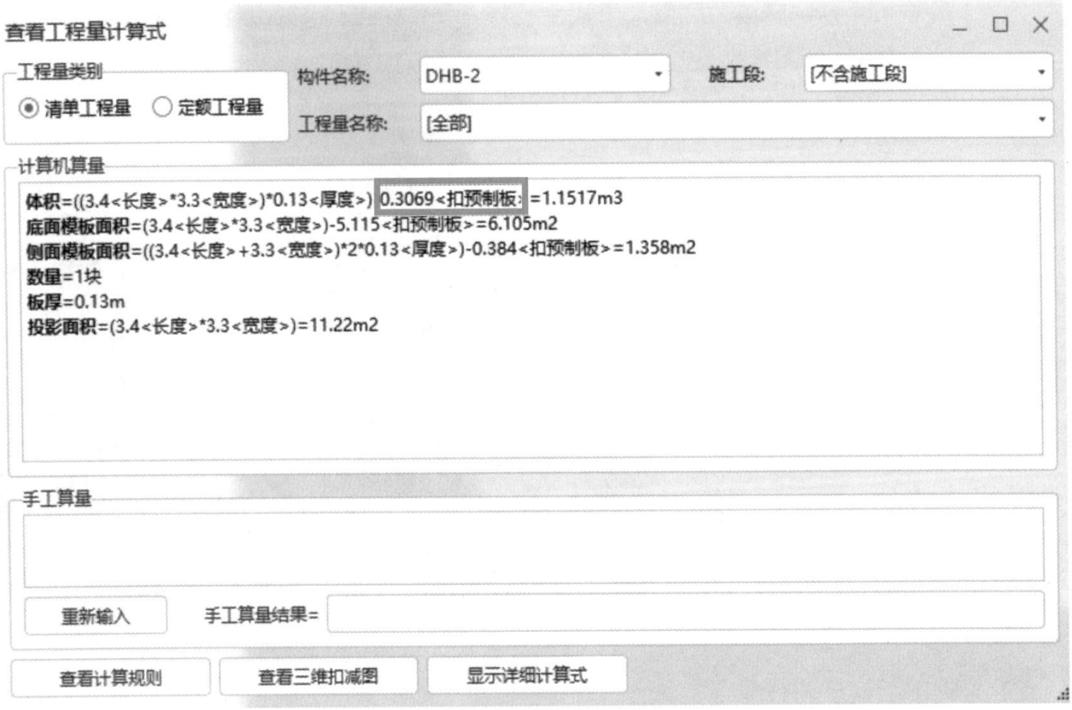

图 13-47 叠合板（整厚）工程量计算

对于叠合板现浇层中的钢筋，软件提供了"叠合板受力筋"和"叠合板负筋"构件，布置方式与现浇板钢筋相同，此处不再赘述。

13.7 案例总结

本章以实际案例的形式呈现了装配式构件在广联达 BIM 土建计量平台 GTJ 中的建模及应用。目前软件基本能满足市场建设活动的基本需求，随着装配式建筑的不断发展，软件将持续更新改进，以适应新的结构形式和计算要求。希望本章的内容能为造价人员的工作和学习提供帮助。

附录：GTJ 常用快捷键

序号	GTJ	命令
1	F1	帮助
2	F2	定义绘图切换
3	F3	批量选择
4		点式构件绘制时水平翻转
5	Shift+F3	点式构件绘制时上、下翻转
6	F4	在绘图时改变点式、线式构件图元的插入点位置（例如：可以改变柱的插入点）；改变线性构件端点实现偏移
7	F5	合法性检查
8	F6	梁原位标注时输入当前列数据
9	F7	图层管理显示隐藏
10	F8	检查做法
11	F9	汇总计算
12	F10	查看图元工程量
13	F11	查看计算式
14	F12	图元显示设置
15	Ctrl+F	查找图元
16	Delete	删除
17	Ctrl+N	新建
18	Ctrl+O	打开
19	Ctrl+S	保存
20	Ctrl+Z	撤销
21	Ctrl+Y	恢复
22	Ctrl+L	视图：左
23	Ctrl+R	视图：右
24	Ctrl+U	视图：上

续表

序号	GTJ	命令
25	Ctrl+D	视图：下
26	Tab	标注输入时切换输入框
27	Ctrl+=（主键盘上的"="）	上一楼层
28	Ctrl+-（主键盘上的"-"）	下一楼层
29	Shift+ 右箭头	梁原位标注框切换
30	Ctrl+1	钢筋三维
31	Ctrl+2	二维切换
32	Ctrl+3	三维切换（三维动态观察）
33	Ctrl+Enter 键	俯视
34	Ctrl+5	全屏
35	Ctrl+I	放大
36	Ctrl+T	缩小
37	Ctrl+F10	显示隐藏 CAD 图
38	滚轮前后滚动	放大或缩小
39	按下滚轮，同时移动鼠标	平移
40	双击滚轮	全屏
41	~	显示方向
42	空命令状态下空格键	重复上一次命令
43	SQ	拾取构件
44	CF	从其他层复制
45	FC	复制到其他层
46	PN	锁定
47	PU	解锁
48	CO	复制
49	MV	移动
50	RO	旋转
51	MI	镜像
52	BR	打断
53	JO	合并
54	EX	延伸
55	TR	修剪

续表

序号	GTJ	命令
56	DQ	单对齐
57	DQQ	多对齐
58	FG	分割
59	DH	导航树
60	GJ	构件列表
61	SX	属性
62	OO	两点辅轴
63	ZZ	柱：点式绘制
64	GZ	构造柱：点式绘制
65	QTZ	砌体柱：点式绘制
66	QQ	剪力墙：直线绘制
67	ZQQ	砌体墙：直线绘制
68	AL	暗梁：点式绘制
69	CC	窗：精确布置
70	LL	梁：直线绘制
71	PF	梁：原位标注
72	TK	梁：重提梁跨
73	SZ	梁：删除支座
74	SZZ	梁：设置支座
75	TM	梁：应用到同名梁
76	CM	梁：生成侧面筋
77	DJ	梁：生成吊筋
78	GD	梁：查改吊筋
79	EE	圈梁：直线绘制
80	BB	现浇板：直线绘制
81	JB	现浇板：矩形绘制
82	TMB	板受力筋：应用同名板
83	JH	板负筋：交换标注
84	FW	板负筋：查看布筋范围
85	HH	楼层板带：直线绘制

续表

序号	GTJ	命令
86	FF	基础梁：直线绘制
87	MM	筏板基础：直线绘制
88	BJ	筏板基础：设置变截面
89	BP	筏板基础：设置边坡
90	WW	基础板带：直线绘制
91	ZS	基础板带：按柱下板带生成跨中板带
92	ZX	基础板带：按轴线生柱下板带
93	KK	集水坑：点式绘制
94	YY	柱墩：点式绘制
95	DD	独立基础：点式绘制
96	TT	条形基础：直线绘制
97	UU	桩：点式绘制
98	JDD	后浇带：直线绘制
99	TYY	雨篷：直线绘制
100	YDD	压顶：直线绘制
101	W	尺寸标注显示隐藏